ISBN 978-3-936188-67-7

Lektorat: Susanne Artmann
Fotos: Michi Rinner, Pixelio, istockphoto, Photocase, Fotolia
Satz & Layout: Annette Gevatter, Riegel a.K.
Druck: FINIDR, s.r.o., Cesky Tesín, Tschechische Republik

Alle Rechte der deutschen Ausgabe:
animal learn Verlag, Am Anger 36, 83233 Bernau
E-Mail: animal.learn@t-online.de, www.animal-learn.de

Inhalt

Vorwort

Schon als Kind lernte ich: Wenn man sich Haustiere anschafft, dann am besten immer zwei von der gleichen Art, damit sie sich gegenseitig Gesellschaft leisten können. Deshalb gab es in meinem Elternhaus auch zwei Schildkröten, zwei Meerschweinchen, zwei Fische und (zunächst, später wurden es mehr...) zwei Hunde.

Ich lernte, dass der Mensch niemals den Artgenossen ersetzen kann – egal, wie nett und verantwortungsvoll er mit seinem Tier umgeht, denn ein Mensch benimmt sich nun mal nicht wie ein Tier und spricht auch nicht dessen Sprache, zumindest nicht so ganz genau. Auch im Umgang mit unseren Tieren stoßen wir Menschen schnell an unsere Grenzen, denn wir können zum Beispiel nicht mit einem Hund um die Wette rennen, nur eingeschränkt auf Hundeart spielen und sind in keinem Fall bereit, unserem besten Freund auf vier Pfoten die Ohren auszuschlecken, selbst dann nicht, wenn er dies hingebungsvoll bei uns tut. Deshalb sollte man immer zwei haben, für mich als Kind war das vollkommen logisch. Wenn Klassenkameraden erzählten, dass sie ein Tier hätten, fragte ich immer besorgt, ob es denn nicht einsam sei, denn ich konnte mir gar nicht vorstellen, dass es ohne Tierfreund glücklich ist.

Der Mensch kann einem Tier nicht den Artgenossen ersetzen. Er kann mit einem Hund nicht um die Wette rennen und schleckt ihm auch nicht die Ohren aus.

Mein Vater ging oft in den Zoo mit mir und auch hier wurde mir gezeigt, dass die meisten Tiere zu zweit oder mehreren gehalten wurden. Kamen wir zu einem Käfig oder Gehege, in dem ein einzelnes Tier gehalten wurde, machte mich das traurig. „Das ist aber gemein, der ist ganz alleine...", sagte ich bedrückt zu meinem Vater, der mich bei der Hand hielt und mir sofort eine aufmunternde Erklärung lieferte, warum das jetzt so sein müsse und dass bestimmt bald ein Kumpel zu diesem Tier gesetzt würde. Aber das ungute Gefühl, dass da irgendetwas nicht richtig war, blieb – insgeheim auch bei meinem Vater. Denn Familienleben, das war ja klar, kann eben nur in der Familie stattfinden und viele Verhaltensweisen können nur ausgelebt werden, wenn das Tier mit einem Artgenossen zusammenlebt. Am besten mit einem, mit dem es sich gut versteht.

Mit dieser Vorgeschichte ist es leicht zu verstehen, dass und warum ich überzeugte Anhängerin der Mehrhundehaltung bin. Selbstverständlich gibt es begründete Ausnahmefälle, in denen ein Hund lieber einzeln gehalten werden sollte, mit dieser Haltungsform evtl. sogar zufriedener ist. Aber die Regel ist das nicht und wer einmal mit einem harmonisch aufeinander abgestimmten Team von mehreren Hunden zusammengelebt hat, möchte dieses Gefühl nicht mehr missen. Das zeigt auch die zunehmende Zahl der Mehrhundehalter, die das Rudeltier Hund nicht länger solitär halten möchten. Allerdings darf nicht davon ausgegangen werden, dass sich jeder Hund über jeden x-beliebigen Artgenossen freut, der von Herrchen oder Frauchen mit nach Hause gebracht wird. Bei der Zusammensetzung eines Zweiergespanns oder einer Gruppe ist vor allem auf die Passung unter den Hunden zu achten, damit aus der gut gemeinten Vergesellschaftung kein Fiasko entsteht, das alle Beteiligten unglücklich macht. Deshalb gilt es vor der Aufnahme eines weiteren Hundes genau darüber nachzudenken, unter welchen Voraussetzungen diese sinnvoll ist.

Die Lektüre dieses Buches soll Ihnen dabei helfen, fragliche Punkte kritisch zu betrachten und eine Entscheidung zu treffen, die tragfähig für alle Mitglieder Ihrer zwei- und vierbeinigen Familie ist.

Ich wünsche Ihnen viel Spaß beim Lesen!

Einleitung

I n den letzten Jahren verstärkt sich ganz eindeutig der Trend zur Mehrhundehaltung. Viele Menschen versuchen, das Leben ihres Hundes so artgerecht wie möglich zu gestalten und für das Rudeltier Hund gehört dazu natürlich auch, Mitglied eines zusammengehörigen Clans zu sein und mit Artgenossen zusammenleben zu können.

Auch wenn immer wieder behauptet wird, der domestizierte Haushund lebe im Gegensatz zum Wolf oder anderen wild lebenden Kaniden lieber allein beim Menschen, weil er dann alle begehrten Ressourcen zur freien Verfügung und vor allem ganz für sich habe, bestätigen Beobachtungen von Hundegruppen oder -rudeln diese These nicht. Für ein im Sozialverhalten so hoch entwickeltes Lebewesen wie den Hund ist es von elementarer Bedeutung, artspezifische Verhaltensweisen unter seinesgleichen ausleben zu können. Warum das so ist, verdeutlicht das folgende Beispiel: Stellen Sie sich vor, Sie würden als „Hausmensch" auf dem Mars leben. Die Marswesen, die Sie aus einem Menschenheim geholt oder bei einem Menschenzüchter gekauft haben, sind sehr freundlich zu Ihnen. Sie bekommen täglich etwas Leckeres zu essen, ha-

Stellen Sie sich vor, Sie würden als „Hausmensch" auf dem Mars leben.

ben einen gemütlichen Liegeplatz und müssen nicht allzu lange allein sein, wenn Ihre Marswesen zur Arbeit gehen oder sonst außer Haus Beschäftigungen nachgehen, bei denen Sie nur stören würden. Sie werden regelmäßig spazieren geführt und treffen auf diesen Ausflügen andere Hausmenschen, die ebenfalls nach draußen an die frische Luft gebracht werden. Wenn Ihre Marswesen genug Zeit haben, dürfen Sie sich einen Moment lang mit Ihren Artgenossen in Ihrer Sprache unterhalten, was gut tut, weil Sie ansonsten den lieben langen Tag nur den Redeschwall einer Fremdsprache um sich haben, die Sie nicht verstehen. Allerdings gelten Sie als besonders intelligent, weil es Ihnen gelungen ist, einige feststehende Begriffe dieser Sprache zu lernen. Es sind Begriffe, die eine Bedeutung für Sie haben, wie zum Beispiel die Ankündigung zum Rausgehen und zum Füttern oder das Aussprechen eines Verbotes, an das Sie sich besser halten, weil es sonst Ärger gibt... Ihre Marswesen haben schon viele Bücher über das Sozial- und Ausdrucksverhalten von Hausmenschen gelesen

Für ein im Sozialverhalten so hoch entwickeltes Lebewesen ist es von elementarer Bedeutung, artspezifische Verhaltensweisen unter seinesgleichen ausleben zu können.

und sogar Seminare besucht, um Sie besser zu verstehen, sie geben sich also alle Mühe, Ihnen ein schönes Leben zu bereiten, aber eines bleibt doch: Als Mensch sind Sie immer allein. Sie haben keine Gelegenheit, eine Familie oder zumindest eine nette Wohngemeinschaft unter Ihresgleichen zu gründen. In letzter Konsequenz werden Sie also ein Leben führen müssen, in dem Sie stark auf sich selbst zurückgeworfen sind und das die Sehnsucht nach der Herzensbindung zu einem artgleichen Partner unerfüllt lässt. Kein schöner Gedanke, nicht wahr?!

Wenn wir Hunde als Persönlichkeiten ernst nehmen und uns aufrichtig bemühen, ihnen ein möglichst artgerechtes Leben an unserer Seite einzurichten, müssen wir uns mit der Tatsache auseinandersetzen, dass dazu auch gehört, mit Artgenossen zusammenzuleben. Und obgleich der Hund auf besondere Art und Weise in der Lage ist, eine innige soziale Beziehung zum (artfremden) Menschen einzugehen, dürfen wir deshalb nicht einfach davon ausgehen, dass ihm das genug ist und allen Facetten seiner Persönlichkeit gerecht wird.

Bei vielen in Herden, Rudeln oder anderen Sozialverbänden lebenden Tieren wird in der Fachliteratur darauf hingewiesen, dass eine Solitärhaltung nicht artgerecht ist und zu Verhaltensanomalien führen kann. Pferde sollten die Möglichkeit haben, im Herdenverband zu leben, in der Fachliteratur über Meerschweinchen, Zwergkaninchen, Schildkröten, Papageien und viele weitere Tiere wird immer wieder betont, wie wichtig das Zusammenleben mit Artgenossen für optimale Haltungsbedingungen ist. Selbst der jahrzehntelang fälschlicherweise zum Einzelgänger postulierten Katze gesteht man inzwischen zu, dass sie sich eigentlich nur in Gesellschaft anderer Samtpfoten richtig wohl fühlt. Warum finden wir kaum entsprechende Empfehlungen beim Hund?! Kommt es nicht einer

Wenn wir Hunde als Persönlichkeiten ernst nehmen, müssen wir uns mit der Tatsache auseinandersetzen, dass die meisten von ihnen gern mit Artgenossen zusammenleben.

gewissen Arroganz gleich, davon auszugehen, er allein unter den sozial hoch entwickelten Säugetieren lege keinen Wert auf seinesgleichen, wenn er nur genug Anschluss zu seinen menschlichen Sozialpartnern habe?!

Wenn wir andererseits davon ausgehen, dass er am liebsten mit Artgenossen zusammenlebt, müssen wir dann mit jedem solitär gehaltenen Hund Mitleid haben? Ist eine Einzelhaltung überhaupt zu rechtfertigen? Diese Frage ist gar nicht so einfach zu beantworten, denn es gibt unbestritten Hunde, die tatsächlich lieber alleine leben, zum Beispiel solche, die dies schon sehr lange tun und an die Anwesenheit eines Artgenossen in ihrem Zuhause nicht gewöhnt sind – und oft auch null Motivation haben, diesen Zustand zu ändern.

Vor einigen Jahren beherbergten wir in unserem TierHeim einen Hovawartrüden, für den sich sehr nette Leute interessierten, die bereits eine Hündin dieser Rasse hatten. Sie waren bereit, immer wieder für mehrere Tage zu uns zu kommen, um die beiden Hunde schrittweise aneinander zu gewöhnen, denn von der Hündin war schon bekannt, dass sie eine verwöhnte „Prinzessin" war und gewohnt war, dass sich alles um ihre Belange drehte. Die Zusammenführung lief, besonders wegen der Gutmütigkeit des Rüden, der auf die etwas ruppige Art der Hündin stets mit Deeskalationsstrategien reagierte, recht gut. Die Hunde vertrugen sich immer besser, fingen auf den gemeinsamen Spaziergängen an zu spielen und konnten auch im gleichen Auto gefahren

Unbestritten gibt es Hunde, die lieber alleine mit ihrem Menschen leben – aber die meisten von ihnen schätzen die Gesellschaft anderer Hunde.

werden. Es dauerte eine ganze Weile, ehe die Hündin den Rüden auch in der angemieteten Ferienwohnung willkommen hieß, aber mit viel Geduld gelang letztendlich auch dieser Teil der Zusammenführung. Als wir den Rüden aber zum Wohnort der Hundehalter brachten, um ihn dort ganz

in die Familie zu integrieren, setzte die Hündin ganz deutlich Grenzen, indem sie regelrecht auf ihn losging. „My
home is my castle", gab sie deutlich zu verstehen und griff
an, wenn er die Haustürschwelle überqueren wollte. Da wir
dem Rüden diese Attacken nicht zumuten wollten und den
Haltern die Erfahrung fehlte, ihre Hündin in die Schranken
zu weisen und die Hunde zusammenzuführen, mussten wir
den Vermittlungsversuch abbrechen. Die Frage, ob sie es
denn nochmal mit einem anderen Hund versuchen sollten,
verneinten wir sofort – denn der Hündin ging es nicht darum, *diesen* Rüden nicht ins Haus lassen zu wollen, sondern *irgendeinen* anderen Hund. Ihr waren Begegnungen
mit Artgenossen auf ausgedehnten Spaziergängen völlig
genug. Zuhause empfand sie andere Hunde nur als Ein-
dringlinge und Störenfriede in ihrem kleinen Königreich.

Obgleich es also tatsächlich Hunde gibt, die lieber allein
leben, sind sie doch die berühmte Ausnahme der sprich-
wörtlichen Regel, denn die meisten Hunde leben sehr gern
mit anderen zusammen.

*Manche Hunde treffen
Artgenossen gern auf
Spaziergängen, wollen
ihr Zuhause aber nicht
mit ihnen teilen.*

Gründe für die Mehrhundehaltung

Es gibt ganz unterschiedliche Gründe, weshalb sich Menschen dazu entschließen, mehr als einen Hund zu halten. Manche sind gut, andere weniger. Einige Halter möchten ihrem Hund zum Beispiel die Möglichkeit geben, mit einem Artgenossen zusammenzuleben. Dies ist eine gute Idee – wenn die Passung zwischen den Hunden stimmt. Hierauf wird im Kapitel über die richtige Auswahl eines weiteren Hundes näher eingegangen. Zusätzlich ist wichtig zu bedenken, dass ein weiterer Hund nicht den Kontakt zum Menschen ersetzt. Es ist absolut keine gute Idee, einen weiteren Hund anzuschaffen, weil man für den bereits vorhandenen schon nicht genug Zeit hat, diesen zu häufig allein lässt oder sich auch bei Anwesenheit nicht ausreichend um ihn kümmert und nun glaubt, dieses Defizit an sozialer Gemeinsamkeit könne ja ein weiterer Hund auffangen. Trotzdem ist es natürlich schön, wenn sich die Hunde auch untereinander beschäftigen und Gesellschaft leisten, wenn man für ein paar Stunden außer Haus ist.

Die Passung zwischen den Hunden, die dauerhaft miteinander leben, muss stimmen.

Das darf nur nicht dazu führen, dass man sie immer öfter und länger allein lässt, weil man sein Gewissen damit beruhigt, dass sie ja nicht *ganz* allein sind!

Ein weiterer Grund für die Mehrhundehaltung kann darin bestehen, Hunden helfen zu wollen, die kein Zuhause haben. In der Regel kommt dieses Argument von Menschen, die sich im Tierschutz engagieren und hautnah miterleben, wie viele Hunde auf ein Zuhause warten, teilweise wirklich in Not sind und um ihr Leben bangen müssen. Die Tatsache, dass allein in Deutschland ca. 300.000 Hunde in Tierheimen sehnsüchtig auf ein neues Zuhause warten, das Elend, das sich in den unzähligen Auffang- und Tötungsstationen Ost- und Südeuropas, aber auch Frankreichs abspielt, lässt jeden Tierfreund überlegen, ob er nicht doch noch ein Plätzchen für die ein oder andere arme Seele frei hat. Gut so! Aber dennoch sollte man darauf achten, den Bogen nicht zu überspannen. Immer wieder kommt es vor, dass aus engagierten Tierfreunden „animal horder" werden, die viel zu viele Hunde auf viel zu engem Raum halten und letztendlich gar

Hunden aus dem Tierschutz ein Zuhause geben zu wollen, ist ein häufig genannter Grund für die Mehrhundehaltung.

keinem mehr auch nur annähernd gerecht werden – und das kann nicht Sinn der Sache sein! Man sollte also genau überlegen, ob die Finanzen, die zur Verfügung stehende Zeit und die eigenen Kraft- und Nervenreserven ausreichen, mehrere Hunde zu versorgen – gut zu versorgen!

Andere Menschen kommen zu einem zweiten, dritten, vierten... Hund, weil sie einen „geerbt" haben. Jemand aus der Familie oder dem Freundeskreis ist gestorben, dauerhaft krank oder aus anderem Grund nicht mehr in der Lage, für seinen Hund zu sorgen und man möchte das Tier, das man oft schon seit Jahren kennt und gern hat, nicht im Stich lassen. Sicher ist es schön, wenn es nicht in ein Tierheim muss, allerdings auch hier nur dann, wenn es wirklich willkommen ist. Manchmal wird der Hund nämlich nur aus

Pflichtgefühl übernommen, ohne ihm mit echter Herzens-
wärme zu begegnen. Für einen Hund, der gerade seine Be-
zugsperson verloren hat und sich auf ein neues Lebensumfeld einstellen muss,
kann es auf emotionaler
Ebene zu einer echten Zer-
reißprobe werden, wenn er
bei all diesen Belastungen
auch noch das Gefühl vermittelt bekommt, im neuen Zuhause eher geduldet als herzlich willkommen zu sein. Dies
gilt auch, wenn in dem Haushalt bereits ein Hund (oder
mehrere) leben, die den neuen nicht akzeptieren.

Jeder Hund des Haushalts sollte
herzlich willkommen und von allen
Familienmitgliedern angenommen sein.

Ein weiterer Grund für die Mehrhundehaltung entsteht
aus der Motivation der Halter, mit mehreren Hunden zusammenleben zu wollen. Die Freude an der Beobachtung,
wie die Tiere miteinander umgehen, und das Zusammensein mit ihren Hunden bedeuten ihnen so viel, dass sie
sich ganz bewusst für diese Lebensform entscheiden.

Im Idealfall kommen mehrere der oben genannten Gründe zusammen. Jemand, der Hunde liebt, das Zusammensein mit ihnen schätzt, ihnen helfen möchte, wenn sie in
Not geraten sind und auch die Möglichkeiten dazu hat,
entscheidet sich für die Mehrhundehaltung. Doch was ist
dabei zu beachten? Damit beschäftigen wir uns in den
nächsten Kapiteln.

Was man vor der Anschaffung eines weiteren Hundes bedenken sollte

Wie schon erwähnt, gilt es einige Punkte zu bedenken, bevor man sich für die Aufnahme eines weiteren Hundes entscheidet. Am besten gehen Sie mit allen Familienmitgliedern die folgende Checkliste durch und besprechen jeden einzelnen Punkt ausführlich. Versuchen Sie dabei realistisch zu bleiben und nicht allzu euphorisch alle Bedenken wegzudiskutieren, weil Sie unbedingt einen weiteren Hund haben möchten, denn mit Augenwischerei ist niemandem gedient, vor allem dem Hund nicht, wenn er allzu leichtsinnig angeschafft wurde und dann doch wieder abgegeben werden muss, weil man irgendwelche wichtigen Punkte nicht bedacht hatte und sich die Unternehmung Mehrhundehaltung als Flop herausstellt.

Sind alle Familienmitglieder einverstanden?

Die zentrale Frage, die am Anfang aller Überlegungen steht, ist die, ob alle Familienmitglieder mit der Anschaffung eines weiteren Hundes einverstanden sind. Ist dem nicht so, sollte man in der Regel die Finger davon lassen!

Denn es geht hier nicht nur darum, ob dieses Familienmitglied sich nicht an den täglichen Pflichten wie Fütterung, Spazierengehen, Fellpflege usw. beteiligen wird, sondern auch um die grundsätzliche Einstellung dem neuen Hund gegenüber. Für den ist es nämlich nicht schön mit jemandem zusammenleben zu müssen, der ihn eigentlich ablehnt. Das kann so weit gehen, dass der Hund von dieser Person immer weggeschickt wird, wenn er freundlich Kontakt aufnehmen will, was für einen sensiblen Charakter emotional gar nicht so einfach zu verkraften ist.

Alle Familienmitglieder sollten mit der Anschaffung eines weiteren Hundes einverstanden sein.

Die Frage, ob alle einverstanden sind, betrifft aber nicht nur die menschlichen Familienmitglieder! Wenn Sie bereits Haustiere haben, gilt es, auch deren Bedürfnisse und Wünsche zu respektieren. Leben zum Beispiel bereits Hunde bei Ihnen, überprüfen Sie, ob diese gern mit einem weiteren Artgenossen zusammenleben möchten. Wenn Sie eine Katze (oder mehrere) halten, fragen Sie sich, ob sie mit einem neuen Hund zurechtkommt. Sicher muss man den Tieren einige Tage, manchmal auch Wochen Zeit geben, sich aneinander zu gewöhnen; aber wenn Sie zum Beispiel sehr alte Katzen haben,

die Hunde eher fürchten, als mögen und sich gerade mühevoll an den gewöhnt haben, der jetzt mit Ihnen lebt, ist es wahrscheinlich besser, auf die Anschaffung eines weiteren Hundes zu verzichten.

Hierbei ist aber auch noch wichtig zu bedenken, welche Art von Hund einziehen soll. Wenn Sie Hasen, Meerschweinchen oder andere Kleinnager halten, oder Vögel, die auch mal frei im Haus fliegen dürfen, dann ist zum Beispiel die Anschaffung eines jagdlich motivierten Hundes eher ein sinnloses Unterfangen.

Wer übernimmt welche Aufgaben?

Wenn Sie zu dem Ergebnis kommen, dass alle Familienmitglieder mit der Anschaffung eines weiteren Hundes einverstanden sind, machen Sie gemeinsam eine Liste, wer welche Aufgaben übernimmt. Wer ist zuständig für die Fütterung, die Spaziergänge zu unterschiedlichen Tageszeiten, die Fellpflege, Tierarztbesuche usw. Im Idealfall sind alle bereit, jede dieser Aufgaben zu übernehmen; vielleicht fühlt sich aber ein Familienmitglied, das gern mit einem oder zwei Hunden spielt und auch bereit ist, die Fellpflege zu übernehmen, damit überfordert, einen weiteren Hund mit auf die täglichen Gassirunden zu nehmen.

Wer übernimmt welche Aufgaben und Pflichten? Diese Frage sollte vor der Anschaffung eines weiteren Hundes geklärt sein.

E s hat sich als sinnvoll herausgestellt, dabei zu überlegen, wer sich bisher am meisten um den Hund (die Hunde) des Haushalts kümmert, denn in der Regel wird das die Person sein, die auch mit dem neuen die meiste Zeit verbringen und die meiste Arbeit haben wird. Kinder sollte man aus dieser Planung in jedem Fall ausschließen! Zwar sind sie in der Regel „Feuer und Flamme", wenn es um die Anschaffung eines weiteren Haustieres geht, und es ist auch schön und pädagogisch sinnvoll, wenn sie bei der Versorgung, Erziehung usw. helfen – aber keinesfalls kann man sie in die Verantwortung voll mit einbinden. Hinzu kommt, dass ein jetzt Zwölfjähriger bereits in wenigen Jahren ganz andere Interessen haben wird als die Tierhaltung und/ oder das Haus verlassen wird, um zu studieren oder eine Lehre anzutreten. Spätestens dann fällt diese Betreuungsperson sowieso weg.

Wer hilft im Fall von Krankheit, Trennung oder Tod?

Wenn man allein lebt, wer hilft dann im Fall von Krankheit, Veränderung der Arbeitsstelle oder bei Finanzproblemen? Diese Frage muss man sich schon bei der Anschaffung nur eines Hundes stellen, umso mehr Gewicht erhält sie bei der Mehrhundehaltung! Es ist ein gewaltiger Unterschied, ob sich eine gute Freundin oder Tante Martha um einen oder um drei, vier oder noch mehr Hunde kümmert, wenn man selbst ausfällt. Die meisten Menschen gehen über diesen Punkt gern hinweg und haken ihn unter dem Motto ab: „Mir wird schon nichts passieren!" Aber das hat sich schon in so manchem Fall als Fehlentscheidung herausgestellt, die die Hunde früher oder später ausbaden mussten.

Wurde die Mehrhundehaltung nicht gut genug durchdacht, muss eventuell die ganze Gruppe ins Tierheim.

Gleiches gilt übrigens für den eigenen Tod, über den man in der Regel noch weniger nachdenken möchte. Dennoch! Wenn man die Verantwortung für mehrere Tiere übernimmt, muss man sich umso mehr Gedanken darüber machen, was aus ihnen werden soll, wenn einem etwas zustößt. Und das gilt nicht nur für ältere Menschen – jedem von uns kann an jedem Tag seines Lebens etwas passieren. Wir alle wünschen uns das nicht, und bei den meisten passiert es auch nicht..., aber wenn doch? Dann möchte man doch keinesfalls, dass die eigenen Hunde getrennt voneinander in Tierheimen untergebracht und vermittelt werden. Deshalb ist es wichtig, am besten schriftlich festzuhalten, was im Fall der Fälle passieren soll und wer zum Beispiel bereit ist, welche Hunde aufzunehmen. Hält man größere Gruppen, ist es relativ unrealistisch anzunehmen, dass eine Person vier, fünf, sechs oder noch mehr Hunde aufnehmen wird. Deshalb sollte man eine Anweisung hinterlassen, welche Hunde keinesfalls getrennt werden dürfen, weil sie ganz besonders aneinander hängen.

Wenn man die Verantwortung für mehrere Tiere übernimmt, muss man sich umso mehr Gedanken darüber machen, was aus ihnen werden soll, wenn einem etwas zustößt.

Dies gilt übrigens auch, wenn Sie als (Ehe)Paar mehrere Hunde anschaffen: Machen Sie sich Gedanken darüber, ob notfalls auch einer allein die finanzielle und organisatorische Betreuung der Hunde bewältigt oder wie man sie im Falle einer Trennung aufteilen könnte, ohne dass die Tiere dabei zu sehr leiden müssen. Natürlich geht man nicht davon aus, dass man sich trennt, wenn man zur Zeit glücklich zusammenlebt und man wünscht sich das auch nicht, aber das Leben geht oft seltsame Wege und so manches glückliche Paar hat seine Liebe nicht so lange bewahren können, wie die gemeinsam angeschafften Tiere lebten. Es ist beruhigend zu wissen, dass man für diesen Fall – der hoffentlich nicht eintritt – Vorsorge getroffen hat; dies erspart endlose Streitereien, die sogar schon vor Gericht endeten, weil sich die Parteien absolut nicht einigen konnten.

Ein weiterer Hund läuft nicht einfach so mit!

Viele Halter glauben, ein weiterer Hund laufe einfach so mit, es sei egal, ob man mit einem oder zwei Hunden spazieren geht, ob man drei oder vier füttere usw., aber das stimmt definitiv nicht! Selbstverständlich ist es richtig, dass man morgens, mittags, abends seine Runden läuft, egal ob mit einem Hund oder mit mehreren. Aber die Art und Weise wie man spazieren geht, verändert sich mit zunehmender Hundeanzahl durchaus. Schon bei einem zweiten Hund muss man mehr Zeit und, falls man mit einem Profi zusammenarbeitet, auch Geld für die Erziehung einplanen. Bei drei, vier, fünf... Hunden summiert sich das umso mehr.

Jeder der Hunde braucht Aufmerksamkeit und Pflege. Mit jedem müssen Sie sich auch einzeln beschäftigen, um eine intensive Bindung aufzubauen, die die Beziehung zu Ihnen stärkt, und zusätzlich müssen Sie die Gruppe als Ganzes auf sich einschwören, damit Sie in Situationen der Stimmungsübertragung oder Gruppendynamik trotzdem noch Einwirkungsmöglichkeiten haben. Mehr hierzu lesen Sie im Kapitel über Ausbildung und Erziehung.

Jedes einzelne Mitglied Ihrer Hundegruppe braucht Zuwendung und Pflege.

Genug Wohnraum für alle?

Eine weitere Überlegung geht dahin sich zu fragen, ob man genug Platz für einen weiteren Hund hat, und das hängt natürlich auch von der Frage ab, was für einen Hund man dazunehmen möchte. Für einen Dackel oder Zwergpinscher ist in der Regel immer noch ein gemütliches Plätzchen frei; wird aber über den Einzug eines Schäferhundes, eines Herdenschutzhundes oder einer Dogge nachgedacht, sieht das eventuell anders aus.

Wenn Sie zur Miete wohnen, müssen Sie selbstverständlich mit Ihrem Vermieter abklären, ob er mit der Anschaffung eines weiteren Hundes einverstanden ist, es sei denn, dies ist im Mietvertrag schon dadurch ausdrücklich geregelt, dass die Anzahl der zu haltenden Hunde festgelegt ist.

Dann müssen Sie aber auch noch bedenken, dass Sie im Falle eines Umzugs eine neue Bleibe mit zwei, drei, vier... Hunden finden müssen und das kann tatsächlich sehr schwierig werden. In der Regel ist es schon nicht ganz leicht, eine Wohnung oder ein Haus auf dem heiß begehrten Markt zu ergattern, wenn man nur ein oder zwei Hunde hat, da viele Vermieter die Tierhaltung grundsätzlich untersagen. Aber selbst bei einem eher toleranten Vermieter könnte eine Absage drohen, wenn man gleich mit drei, vier, fünf... Hunden einziehen möchte.

Genug Platz für alle?
Eine entscheidende Frage, wenn
mehrere Hunde harmonisch
zusammenleben sollen.

Selbstverständlich kommt es dabei auch noch darauf an, ob Sie vier Chihuahuas halten oder vier große Hunde und auch darauf, ob die Tiere einen gepflegten und gut erzogenen Eindruck machen oder nicht. Dennoch – einfach ist es nicht und das sollte Ihnen bewusst sein!

Wenn Sie über Wohneigentum verfügen, sieht die Sache zwar besser aus, aber auch in diesem Fall müssen Sie sich darüber Gedanken machen, wie Ihre Nachbarn auf die Mehrhundehaltung reagieren. Es nützt Ihnen das eigene Grundstück nichts, wenn Sie Angst haben müssen, dass Ihren Hunden im eigenen Garten etwas angetan wird, und Sie werden wenig Freude an Ihren Tieren haben, wenn ein Gerichtsverfahren das nächste jagt, weil der erboste Nachbar Sie wegen immer neuer, eventuell sogar nur behaupteter, aber unwahrer Nichtigkeiten anzeigt. Manchmal ist es ganz im Gegenteil aber auch so, dass die Nachbarn Hunde ebenfalls sehr mögen

Überlegen Sie, wie Ihre unmittelbaren Nachbarn auf einen weiteren Hund reagieren.

und/ oder zumindest froh darüber sind, dass „Aufpasser" nebenan wohnen, die jeden unerwünschten Eindringling melden würden. In jedem Fall ist es gut, darüber nachzudenken.

Das bisschen Haushalt ist doch nicht so schlimm… oder doch?!

Natürlich sind die Ansprüche an einen gepflegten Haushalt ganz unterschiedlich, und während manchen das kleinste Staubkorn stört, ist ein anderer da sehr gelassen und greift erst zum Staubsauger, wenn ganze Wollmäuse über den Boden huschen. Aber ganz egal, zu welchem Typ Sie sich eher zählen, Sie werden in jedem Fall mehr putzen, wenn Sie einen weiteren Hund haben. Sie werden eiskaltes und sehr heißes Wetter lieben, weil die Hunde dann nach dem Spaziergang sauber sind, und sich bei Regen und Matsch fragen, was Sie um alles in der Welt dazu getrieben hat, so viele Hunde anzuschaffen, während Sie mit zig Handtüchern mehrere Bäuche und viele Pfoten trocken reiben.

Die Aufgabe, den Haushalt auf dem eigenen Wohlfühlniveau zu halten, wächst nicht nur mit der Anzahl der Hunde, sondern ist auch eine Frage von deren Fellbeschaffenheit. Einen Viszla oder Rhodesian Ridgeback haben Sie auch nach einem verregneten Spaziergang ruck, zuck trocken gerubbelt, einen Berner Sennenhund oder Kaukasen nicht. Und je länger und dichter das Fell Ihrer Hunde ist, desto mehr müssen Sie sich an den typischen Hundegeruch gewöhnen, der praktisch immer – mal mehr und mal weniger – im Haus hängt. Das ist nun mal so und bringt uns gleich zu einem weiteren wichtigen Punkt: den Freundes- und Familienkreis.

Nach der großen Sause kommt das Saubermachen ☺

Die Familie und der Freundeskreis

Rechnen Sie bitte damit, dass nicht alle Freunde und Verwandten ebenso begeistert von Hunden sind wie Sie. Vielleicht haben Sie schon bei der Anschaffung Ihres ersten oder zweiten Hundes bemerkt, dass Kommentare über die Hundehaare im Haus, die mangelnde Flexibilität bei Unternehmungen usw. gemacht wurden – mit jedem weiteren Hund werden die sich verstärken. Die Erfahrung vieler Hundehalter überall auf der Welt ist: Wenn man mehr als einen oder maximal zwei Hunde hält, sortiert sich der

Freundeskreis. Das muss übrigens gar nicht schlecht sein. Viele meiner Freunde und auch ich selbst haben diesen Prozess als sehr wohltuend empfunden. Heute zählen zu unserem sozialen Netzwerk nur noch Menschen, die entweder ebenfalls mit mindestens einem, meist aber mehreren Hunden leben oder eine wohltuende Toleranz gegenüber anders Denkenden haben.

Ich muss nicht mehr darüber diskutieren, ob man die Hunde nicht auch draußen im Zwinger halten könnte, ob man das Geld, das ihre Versorgung in Anspruch nimmt, nicht lieber in die Altersvorsorge investieren sollte, ob die Möbel und das schöne Parkett nicht länger geschont würden, wenn man nicht so viele Haustiere hätte, ob es nicht angenehmer wäre, wenn man nicht so angebunden wäre usw. usw. usw. Somit laufen Treffen im Freundes- und Familienkreis, zumindest was diesen Punkt betrifft, sehr entspannt ab und der typische Hundegeruch, gegen den man auch mit viel Putzerei nicht ankommt, wird mit einem Achselzucken zur Kenntnis genommen – oder auch gar nicht, weil´s daheim genauso riecht und man das schon gar nicht mehr wahrnimmt.

Als Mehrhundehalter müssen Sie damit rechnen, dass sich Ihr Freundeskreis sortiert. Gut so! Danach wissen Sie, welche die wahren Freunde sind.

Sie werden zur Person des öffentlichen Interesses

Wenn Sie mehr als zwei oder drei Hunde halten, und teilweise schon dann, ist Ihnen die Aufmerksamkeit Ihrer Mitmenschen gewiss. Und das nicht nur im positiven Sinne, denn während manche Menschen neugierig und sogar freundlich reagieren, wenn Sie mit der ganzen Gruppe daher kommen, reagieren andere deutlich ablehnend. Das kann so weit gehen, dass Sie sich Beschimpfungen über die „ganzen Drecksköter" ausgesetzt sehen oder kopfschüttelnd gefragt werden, „ob das denn nun wirklich sein müsse...?!"

D ie häufigste Frage, die Mehrhundehaltern gestellt wird, ist: „Sind das etwa alles Ihre?" Gleich gefolgt von: „Die halten Sie aber nicht alle im Haus, oder?!" Beantwortet man diese Frage mit einem freundlichen „doch", erntet man entweder ungläubiges Nachfragen, wie das denn ginge und wie viel man da putzen müsse und ob man das Haus da überhaupt noch sauber kriege – oder man kassiert ein geringschätziges „Das gibt's doch nicht.", das eventuell noch von deutlich angewiderter Miene begleitet wird.

Selbstverständlich gibt es auch Leute, die Ihnen und Ihrer Hundeschar positiv begegnen. Die wollen alle Ihre Hunde streicheln und sollte einer dabei sein, der das nicht möchte, weshalb Sie freundlich darum bitten, diesen nicht anzufassen, so wird Ihnen ebenso freundlich lächelnd entgegnet, dass man sich da auskenne. Während die Person das sagt, stülpt sie sich frontal über den Hund, schaut ihm direkt in die Augen und streckt ihm die Hand entgegen. Sollte Ihr Hund nun mit einem brummelnden Vorwärts- oder Rückwärtsgang reagieren, ernten Sie ein entrüste-

Bei manchen Mitmenschen stößt die Mehrhundehaltung auf Kopfschütteln und Unverständnis.

tes: „Der ist ja verhaltensgestört, mit dem sollten Sie mal eine Hundeschule besuchen!" Selbstverständlich könnten Sie nun erklären, dass Sie das längst tun und dass dieser Hund früher noch viel heftiger reagiert und sich eh schon stark verbessert hat, aber da Sie das heute schon mindestens drei „Ich-kenn-mich-da-aus-Hundeprofis" erzählt haben, gehen Sie einfach nur mit einem zustimmenden Lächeln weiter. Wenn Sie dem nächsten Spaziergänger dann großräumig ausweichen, um nicht in die nächste Diskussion verwickelt zu werden, sagt man Ihnen nach, dass Sie nur deshalb so viele Hunde haben, weil Sie ein Problem mit Menschen haben und ein wenig wunderlich sind...

Die Aufmerksamkeit Ihrer Mitmenschen ist Ihnen als Mehrhundehalter gewiss, ob Sie das nun wollen oder nicht.

Sie können es drehen und wenden, wie Sie wollen – die Aufmerksamkeit Ihrer Mitmenschen ist Ihnen gewiss, ob Sie das nun wollen oder nicht. Viele wissen alles besser, manche finden Ihre Hunde toll und suchen deshalb Ihre Nähe, andere fühlen sich gestört, auch wenn die Hunde gar nichts tun. Für wieder andere werden Sie zur Zielscheibe ihres Hundehasses, sozusagen als personifiziertes Grauen, weil Sie gleich mehrere von „den Viechern" haben. Überlegen Sie also vorher, ob Sie das aushalten können und wollen.

Das Auto

Ein Autohändler sagte mir mal, dass Familienzuwachs in Form von Kindern oder Hunden der häufigste Grund für seine Kunden sei, ihr Auto gegen ein größeres einzutauschen. Ich musste lachen, denn tatsächlich war es auch bei mir so. Als ich einen Hund hatte, fuhr ich einen Kleinwagen und war mit dem sehr zufrieden. Ein zweiter kleiner Hund hätte da auch reingepasst, aber mein Zweithund war ein Hovawart-Mischling, so dass ich einen Kombi anschaffte. Der hielt die Familienplanung bis zum vierten Hund durch, aber dann war Schluss. Da ich ländlich lebe und wirklich viel „off road" unterwegs bin, erfüllte ich mir einen persönlichen Traum und kaufte meinen ersten Jeep – und natürlich einen ziemlich großen wegen der vielen Hunde. Das ging einige Jahre wunderbar, bis die Hundezahl auf acht angewachsen war und auch der größte Jeep nicht genug Platz bot, um alle gemeinsam zu transportieren. Seitdem fahre ich VW-Bus. Beinahe überflüssig zu erwähnen, dass bis auf Fahrer- und Beifahrersitz alle anderen Sitze ausgebaut wurden, um Platz für die Hunde zu schaffen. ☺

Wenn Sie also planen, einen weiteren Hund anzuschaffen, werfen Sie einen kurzen Blick auf Ihr Auto und fragen Sie sich, ob Folgekosten auf Sie zukommen werden oder nicht. Keinesfalls sollten Sie Ihre Hunde auf engem Raum mit der Entschuldigung zusammenpferchen, dass Sie ja nur kurze Strecken mit ihnen fahren und sie das schon aushalten. Es hat sogar unter Hunden, die sich normalerweise sehr gut verstehen, schon Auseinandersetzungen gegeben, wenn diese bei einer starken Bremsung oder einer flott genommenen Kurve

Vor der Anschaffung eines weiteren Hundes sollten Sie überlegen, ob Ihr Auto groß genug für alle ist.

aufeinander gerutscht sind. Zumindest ein Minimum an Individualdistanz muss eingehalten werden können, sonst ist der Ärger vorprogrammiert!

Die Urlaubsplanung

Inzwischen gibt es viele Anbieter von Ferienwohnungen und -häusern, die sich auf die Unterbringung von Hundehaltern spezialisiert haben. Sogar Hundehotels, in denen das Mitbringen von auch mehreren Hunden ausdrücklich erlaubt und gern gesehen ist, haben sich auf dem Markt etabliert. Insofern ist es also bei weitem nicht mehr so schwierig wie noch vor ein paar Jahren, auch mit mehreren Hunden in schöner Umgebung Urlaub zu machen und die Seele baumeln zu lassen.

Wenn Sie hingegen eine Fernreise ohne Hund unternehmen wollen, müssen Sie für eine Unterbringung der Tiere sorgen – und die sollte natürlich so sein, dass Sie mit gutem Gewissen fahren können. Hier hat die Mehrhundehaltung deutliche Vorteile: Wenn Sie zwei oder mehr Hunde in eine gut geführte Pension bringen, geben diese sich als zusammengeschweißte Gruppe gegenseitig Halt, sie werden sich nicht so einsam fühlen, als wenn ein einzelner Hund die nächsten 14 Tage ohne Herrchen oder Frauchen verbringen muss.

Eine weitere Möglichkeit bestünde darin, einen Dogsitter zu engagieren, der ins eigene Haus zieht und die Hunde in ihrem gewohnten Umfeld versorgt. Das setzt selbstverständlich Vertrauen zu dieser Person voraus, denn man möchte ja nicht nur, dass die Hunde so behandelt werden, wie man es selbst für richtig hält, sondern auch, dass man das eigene Zuhause in dem Zustand vorfindet, in dem man es verlassen hat. Am besten ist es also, man baut eine solche Betreuungsperson über einen längeren Zeitraum auf, so dass nicht nur Sie, sondern auch die Hunde schon mal Vertrauen zu ihr fassen können, bevor die erste Reise ansteht. Inzwischen gibt es übrigens

Ein professioneller Dogsitter betreut Ihre Hunde zu Hause im gewohnten Umfeld.

auch Agenturen, die sich auf die Betreuung von Haustieren bei Abwesenheit des Halters spezialisiert haben.

Die Finanzen

Auch ein Finanzcheck sollte vor der Anschaffung eines weiteren Hundes erfolgt sein. Es gilt nicht nur, die Grundversorgung mit Futter, Leckerchen, Leine, Geschirr usw. zu sichern, sondern auch die Gesundheitsvorsorge in Form von Impfung und Entwurmung einzuplanen. Zusätzlich kann jeder Hund durch Infektion, Schnittwunde, Knochenbruch oder sonstige Krankheiten Kosten verursachen, und wenn die Hunde älter werden, stellen sich auch zunehmend Alterserkrankungen ein, deren Behandlung ebenfalls vom Budget abgedeckt sein muss. Es hat sich bewährt, jeden Monat einen kleineren Betrag auf die Seite zu legen, so dass im Ernstfall auf ein angespartes Polster zurückgegriffen werden kann.

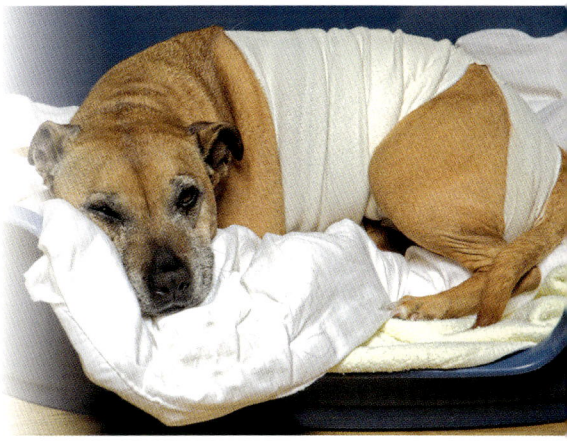

Bei der Finanzplanung müssen Gesundheitsvorsorge und die Versorgung im Krankheitsfall bedacht werden.

Warum mache ich das bloß?

Wenn Sie alle Punkte dieses Kapitels durchgegangen sind, überlegen Sie vielleicht, ob es all die Arbeit und Mühe wert ist, einen weiteren Hund zu haben und diese Frage können Sie sich nur selbst beantworten. Im Internet habe ich vor ein paar Jahren das auf den nächsten Seiten abgedruckte Gedicht gefunden, das die Mehrhundehaltung wunderbar auf den Punkt bringt. Leider habe ich den Verfasser nie ausfindig machen können, aber aus jeder Zeile kann man herauslesen, dass er oder sie genau weiß, worüber er/ sie schreibt.

Wenn Sie sich nach Klärung aller aufgeführten Punkte für einen weiteren Hund entschieden haben, finden Sie in den folgenden Kapiteln Hinweise darauf, was Sie bei seiner Auswahl beachten sollten und wie Sie ihn am besten in die Familie integrieren.

ANTWORT AUF DIE FRAGE:
„WARUM MACHE ICH DAS BLOSS?"

Du willst also ins Tierheim? Das ist aber gefährlich!
Es bleibt nie bei einem Hund – seien wir doch mal ehrlich ...
Einer ist gar nichts – ein zweiter muss her,
ein dritter ist einfach – ein vierter nicht schwer.
Ein fünfter erfreut Dich, mit einem sechsten wird's geh'n –
ein Haus voller Hunde macht das Leben erst schön!

Warum nicht noch einen – Du traust Dich, nicht wahr?!
Sie sind wirklich bezaubernd – aber mein Gott – all das Haar ...
Sabbermäuler in der Küche – das findest Du nett?
Und denk dran, Deine Klamotten, die sind nie mehr adrett.
Sie hören auf's Wort und sind gar kein Problem
und wenn's noch einer mehr ist – es wird schon noch geh'n!
Die Möbel sind staubig – die Fenster nicht klar,
der Boden ist schmutzig, das Sofa voll Haar!
Der Haushalt, er leidet und kommt viel zu kurz
Schlammpfotenspuren sind unseren Lieblingen schnurz ...
Zeit wird sich schon finden für Besen und Mopp ...

Es gibt kaum ein Limit – dem Himmel sei Dank!
Ihre Zahl zu verringern? Der Gedanke macht krank!
Ein jeder ist anders – Du weißt, wer da bellt
Ist das Futter auch teuer und der Tierarzt will Geld ...
Die Familie bleibt weg, Freunde lassen Dir Deine Ruh',
Du kennst nur noch Leute, die so leben wie Du!
Die Blumen sind tot – der Rasen ist hin ...
Das ist der Trott – bald ist man bankrott!

Ist es das wirklich wert? Was machst Du da bloß?
Doch da kommt Dein Liebling – legt Dir den Kopf auf den Schoß ...
Sein Blick wärmt Dein Herz und um nichts in der Welt
gäbest Du einen her – was bedeutet schon Geld?

Die Winter sind nass, dass es einen oft graut,
alle Hunde sind schmutzig – die Böden versaut ...
Viele Tage sind grässlich – manchmal schreist Du im Haus,
denn die Hunde auf dem Sofa – sie wollen nicht raus!
Die Hunde, die Sorgen ...
die Arbeit, die Spannung, die Gedanken an morgen.
Es muss wohl was wert sein, und es muss Dir was geben,
denn sie lieben Dich alle, die Hunde in Deinem Leben!
Alles hat sich verändert – nichts ist mehr gleich:
Doch Du liebst Deine Hunde und Deine Seele ist reich!

(Autor unbekannt)

Die Entscheidung ist getroffen: Ein weiterer Hund soll einziehen. Aber welcher?

Die Passung muss stimmen!

Wenn also die Entscheidung für einen weiteren Hund gefallen ist, stellt sich die Frage, welcher Hund das sein wird. In jedem Fall soll er natürlich möglichst gut zu dem/ denen passen, den/ die Sie bereits haben. Das heißt übrigens nicht, dass er unbedingt von gleicher Rasse oder Mischung sein muss wie Ihr bereits vorhandener. Manche Menschen bevorzugen dies zwar und halten gern mehrere Collies, mehrere Windhunde, Herdenschutzhunde oder Mischlinge eines bestimmten Typs, aber auch eine Gruppe unterschiedlicher Hunde kann harmonisch zusammenleben. Was Sie allerdings

Ein weiterer Hund sollte gut zu dem bereits vorhandenen passen.

vermeiden sollten, sind extreme Gegensätze, wie zum Beispiel ein sehr kleiner und ein ganz großer Hund, denn der Größen- und Kräfteunterschied kann zu Problemen führen. Kunden von mir kauften sich vor einigen Jahren eine Dogge und einen Boston Terrier im gleichen Alter von fünf Monaten. Wenn die junge Dogge spielen wollte, verkroch sich der Boston Terrier verängstigt unter der

Riesengroß und winzigklein ist nicht unbedingt sinnvoll.

Eckbank, weil er von den Spielaufforderungen der Dogge schon etliche Blutergüsse und Beulen hatte. Ebenso kann es schwierig sein, sehr grazile und sehr bullige Typen zu halten, denn wenn ein Mastiff oder Boxer – beide Rassen spielen sehr körperbetont mit „Bodychecks" – gegen einen Windhund knallt, tut dem Windhund dies weh, ganz gleich, wie freundlich dies vom anderen gemeint ist. Eine Lösung könnte sein, je zwei von unterschiedlichem Typ und Temperament und unterschiedlicher Größe zu halten, also zum Beispiel zwei kleine und zwei große, oder zwei eher grazile und zwei eher bullige Typen.

Das Größen- und Kräfteverhältnis sollte bei der Auswahl des neuen Hausgenossen berücksichtigt werden.

Mir ist zum Beispiel eine Gruppe bekannt, in der zwei Chihuahuas mit einem Doggenmischling und einer amerikanischen Bulldogge zusammenleben. Die beiden großen Hunde spielen ausgelassen miteinander und gehen sehr vorsichtig mit den kleinen um, während die kleinen viel miteinander kuscheln und spielen, aber temperamentvolle Interaktionen mit den großen ganz von allein vermeiden.

L eben bereits Hunde von aufbrausendem Temperament in Ihrem Haushalt, ist es besser, einen ruhigeren Vertreter hinzuzunehmen statt einen weiteren, dem schnell „die Hutschnur brennt". Kaum Probleme gibt es hingegen, wenn Sie zwei oder mehrere Hunde des Typs „Couch-Potato" zusammen halten. Sie werden sich im Temperament kaum so aufheizen, dass es Probleme gibt.

Wenn Sie deutlich mehr als zwei Hunde haben, werden Sie merken, dass sich Kleingruppen innerhalb der großen bilden. Eine Freundin von mir hält fünf Hunde, zwei Retriever in etwa gleichem Alter, zwei Dackel, die Wurfgeschwister sind, und eine deutlich ältere Mischlingshündin, die meist ihre eigenen Wege geht, ohne Probleme mit den anderen zu haben. Die jungen Dackel spielen auffällig oft miteinander, ebenso wie die schon etwas älteren Retriever. Spielaktionen zwischen den Dackeln und den Retrievern finden hingegen deutlich seltener statt.

Innerhalb größerer Hundegruppen bilden sich oft Paare oder Kleingruppen, die besonders gut harmonieren.

Unterschiedliche Hunde, unterschiedliche Bedürfnisse!

Wichtig ist auch noch zu bedenken, dass unterschiedliche Hundetypen auch unterschiedliche rassetypische Bedürfnisse haben, die neben der Grundversorgung ebenfalls zu erfüllen sind. Hovawarts, Herdenschutzhunde und einige andere Rassen weisen eine hohe Territorialität auf, während Beagles dafür bekannt sind, dass sie jeden freundlich zur Tür hereinlassen. Ein Jagdhund und ein Windhund haben beide einen hohen Bewegungsdrang, aber auf unterschiedliche Art und Weise. Während der eine ein Kurzstreckensprinter ist, der auf Sicht jagt, ist der andere ein Stöberer oder Hetzjäger, der auf Ausdauer läuft. Ein Hüte- und Treibhund kann die Veranlagung mitbringen, Jogger, Skater usw. zusammenzutreiben und muss entsprechend kontrolliert werden, während Sie bei einem Terrier während des Spaziergangs eher darauf achten müssen, dass

Auch wenn ein Hund sich in der Meute wohlfühlt, muss Zeit für seine individuellen Bedürfnisse bleiben.

er sich nicht festbuddelt. Eine Kombination ganz unterschiedlich veranlagter Hunde ist also durchaus möglich, erfordert aber mehr Können, Fachwissen und Engagement vom Halter als eine Gruppe von Hunden etwa gleichen Typs... – was die Sache aber auch interessant macht. ☺

Futter à la carte...

Auch die Ernährung muss den einzelnen Hunden angepasst werden und damit ist nicht nur gemeint, dass ein großer Hund mehr frisst als ein kleiner. Ein alter Hund hat einen anderen Nährstoffbedarf als ein junger, ein Herdenschutzhund verlangt nach einem eiweißärmeren Futter als ein Jagdhund usw. Ein ganz junger und ein ganz alter Hund müssen öfter in kleinen Portionen gefüttert werden, während bei den anderen eine zweimalige Fütterung am Tag ausreicht. Informieren Sie sich am besten vor der Anschaffung bei einem Futterexperten oder einem Tierarzt mit entsprechender Zusatzausbildung und stellen Sie dann einen Futterplan zusammen, der jedem einzelnen Mitglied der Gruppe gerecht wird.

Rudel, Gruppe und Gruppe mit rudelartiger Struktur

Ebenfalls interessant ist die Frage, ob Sie eine Gruppe oder ein Rudel halten. Viele Hundehalter sprechen von ihrem „Rudel", ohne genau zu wissen, was dieser Begriff bedeutet. Von einem Rudel spricht man dann, wenn die Hunde miteinander verwandt sind, also zum Beispiel eine Hündin, ein Rüde und deren Nachkommen oder auch Wurfgeschwister. Als eine Gruppe bezeichnet man Hunde, die ständig miteinander leben, ohne verwandt zu sein. Allerdings spricht man auch von einer Gruppe, wenn es Hunde sind, die gerade gemeinsam auf einer Wiese spielen oder sich beim Spaziergang treffen – auch wenn sie sich ansonsten nicht kennen. Dann gibt es noch den Begriff der Gruppe mit rudelartiger Struktur, von der man spricht, wenn zum Beispiel Welpen oder Jungtiere in die Gruppe aufgenommen und von den älteren Mitgliedern wie eigene Nachkommen aufgezogen werden oder wenn mehrere Hunde über längere Zeiträume zusammenleben und sich wie eine Familie aufeinander einstellen.

Eine dauerhaft zusammenlebende Hundegruppe bildet rudelartige Strukturen.

Der Zusammenhalt von eng miteinander verwandten Tieren ist stark ausgeprägt.

Die Gruppendynamik eines Rudels oder einer Gruppe mit rudelartiger Struktur kann sich erheblich von der einer einfachen Gruppe unterscheiden, denn Alttiere, die Junge mit sich führen, können ganz anders reagieren als mehrere erwachsene Hunde, die einfach zusammen unterwegs sind oder für kurze Zeiträume zusammenleben. Und das „Jungtier" bleibt auch im Alter von mehreren Jahren immer noch der Sohn/ die Tochter seiner Eltern und wird eventuell dementsprechend vehement verteidigt, wenn Gefahr droht.

Interessant ist übrigens auch, dass Langzeitbeobachtungen ergeben haben, dass Welpen/ Jungtiere, die in Gruppen mit erwachsenen Tieren gehalten werden, später erwachsen werden. Dies ist leicht dadurch zu erklären, dass sie den Schutz der Gruppe genießen und es sich sozusagen „leisten" können, später zu reifen. Ein solitär gehaltener Hund hingegen muss relativ schnell selbst herausbekommen, wie das Leben läuft, denn Anleitung oder Schutz durch erfahrene Artgenossen der Familie erhält er nicht. Er ist auf sich allein gestellt und muss entsprechend schneller die Reife erlangen, aus der erwachsene, sprich sinnvolle Entscheidungen resultieren.

Soziale Beziehungen: Freundschaft, Elternschaft, Herzensangelegenheiten

Die Beziehungen, die die Hunde untereinander eingehen, sind komplex und können sehr vielschichtig sein – ähnlich wie in einer menschlichen Familie. Manche Hunde leben freundlich miteinander, ohne sich allzu tief an den anderen zu binden, andere gehen regelrechte Herzensbindungen ein, die elterlichen, freundschaftlichen oder partnerschaftlichen Charakter haben. *Hunde gehen eine enge soziale Beziehung zu Artgenossen und zum Menschen ein.* Je größer die Gruppe ist, desto mehr Variationsmöglichkeiten gibt es, wie sich die Tiere untereinander in Beziehung setzen. Zusätzlich spielt aber natürlich auch noch ihre Beziehung zu den menschlichen Sozialpartnern und eventuell weiteren Haustieren eine Rolle.

Ich möchte Ihnen nun drei Hundegruppen mit ihren Haltern vorstellen. Die Pfeile kennzeichnen, in welcher Beziehung die einzelnen Familienmitglieder zueinander stehen. Dabei ist es natürlich nicht möglich, die komplette Vielschichtigkeit der Beziehungen zwischen allen Menschen, Hunden und teilweise auch Katzen in einer einfachen Graphik zu beschreiben, aber zumindest wichtige Aspekte wurden eingetragen, so dass man sich ein ungefähres Bild von der Komplexität machen kann. Bei allen drei Gemeinschaften ist es so, dass die Menschen alle ihre Tiere sehr lieben und dass es auch keine Feindschaften zwischen den Tieren gibt.

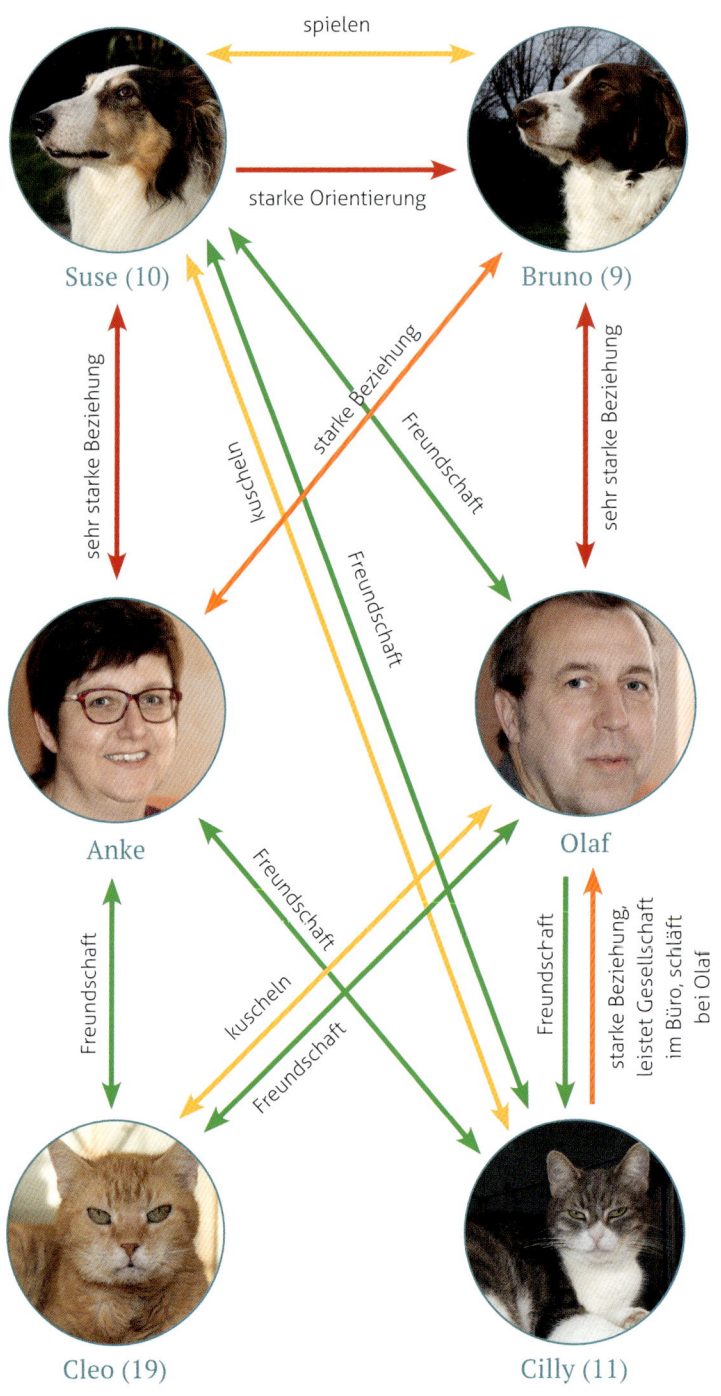

spielen

starke Orientierung

Suse (10)

Bruno (9)

sehr starke Beziehung

sehr starke Beziehung

starke Beziehung

kuscheln

Freundschaft

Freundschaft

Anke

Olaf

Freundschaft

Freundschaft

kuscheln

Freundschaft

Freundschaft

starke Beziehung, leistet Gesellschaft im Büro, schläft bei Olaf

Cleo (19)

Cilly (11)

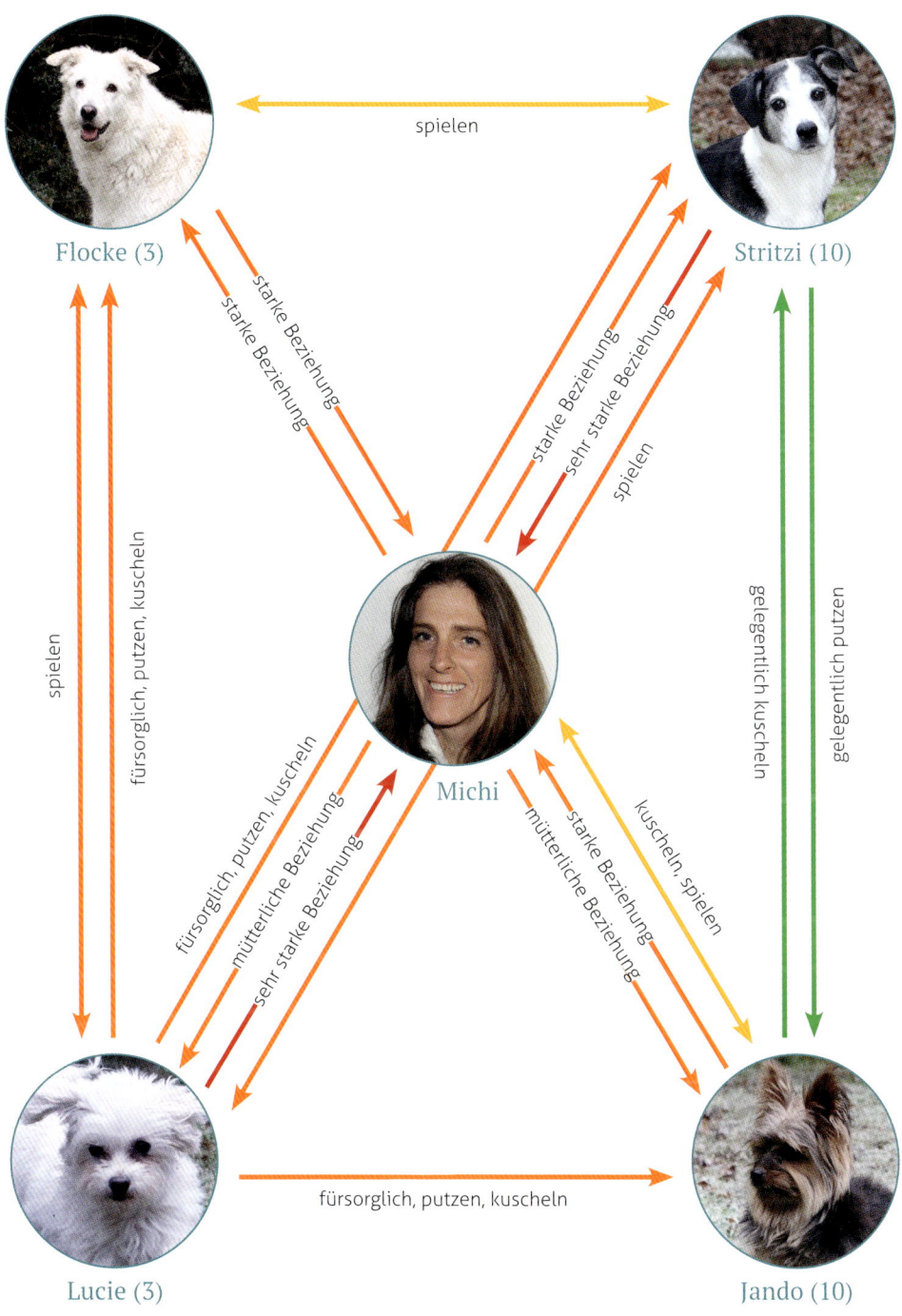

Flocke (3)

Stritzi (10)

spielen

starke Beziehung

starke Beziehung

starke Beziehung

sehr starke Beziehung

spielen

spielen

fürsorglich, putzen, kuscheln

gelegentlich kuscheln

gelegentlich putzen

fürsorglich, putzen, kuscheln

mütterliche Beziehung

sehr starke Beziehung

Michi

starke Beziehung

mütterliche Beziehung

kuscheln, spielen

Lucie (3)

fürsorglich, putzen, kuscheln

Jando (10)

41

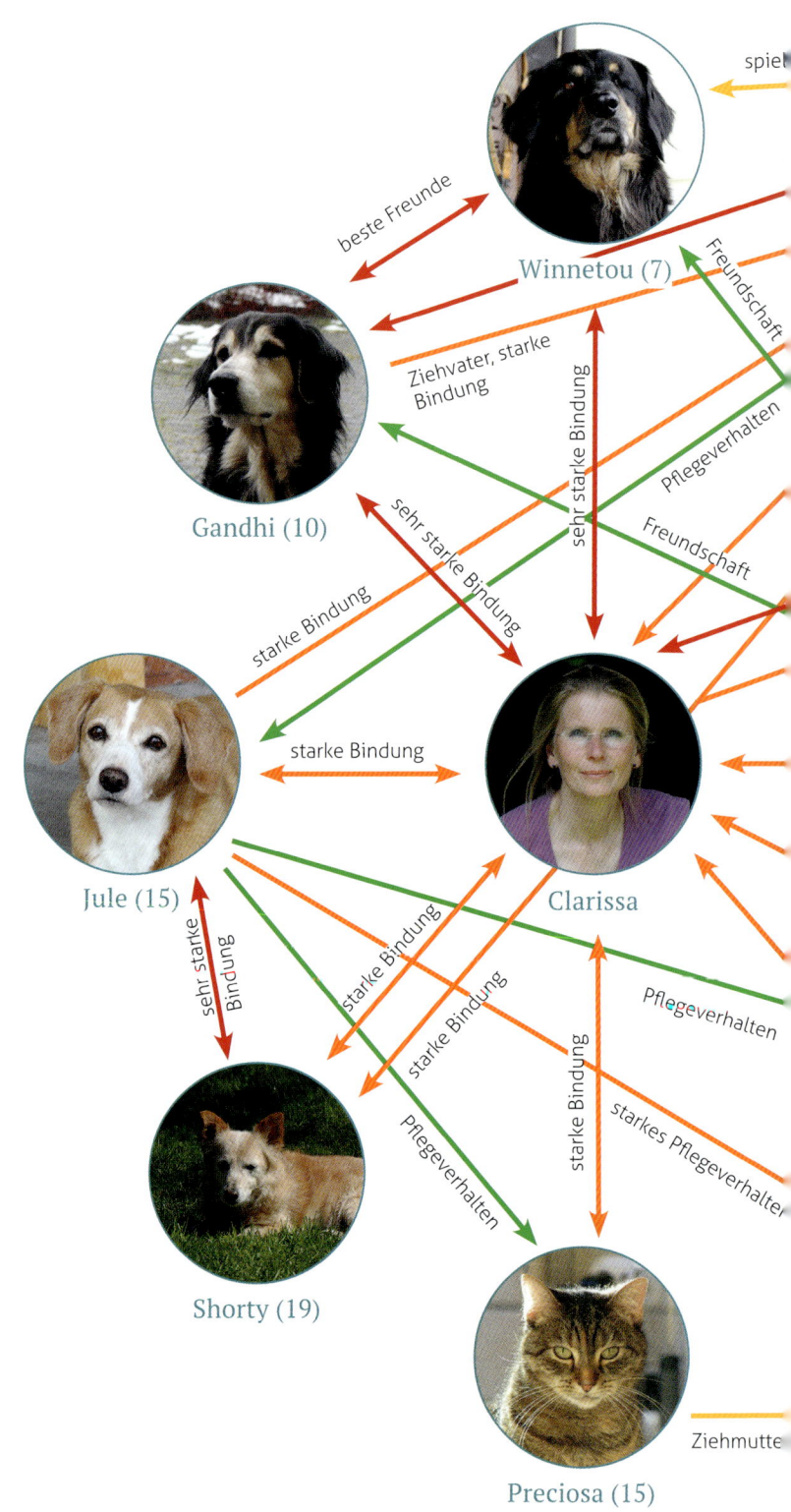

spie

beste Freunde

Winnetou (7)

Freundschaft

Ziehvater, starke
Bindung

sehr starke Bindung

Pflegeverhalten

Gandhi (10)

sehr starke Bindung

Freundschaft

starke Bindung

starke Bindung

Jule (15)

Clarissa

sehr starke
Bindung

starke Bindung

Pflegeverhalten

starke Bindung

starke Bindung

Pflegeverhalten

starkes Pflegeverhalten

Shorty (19)

Ziehmutte

Preciosa (15)

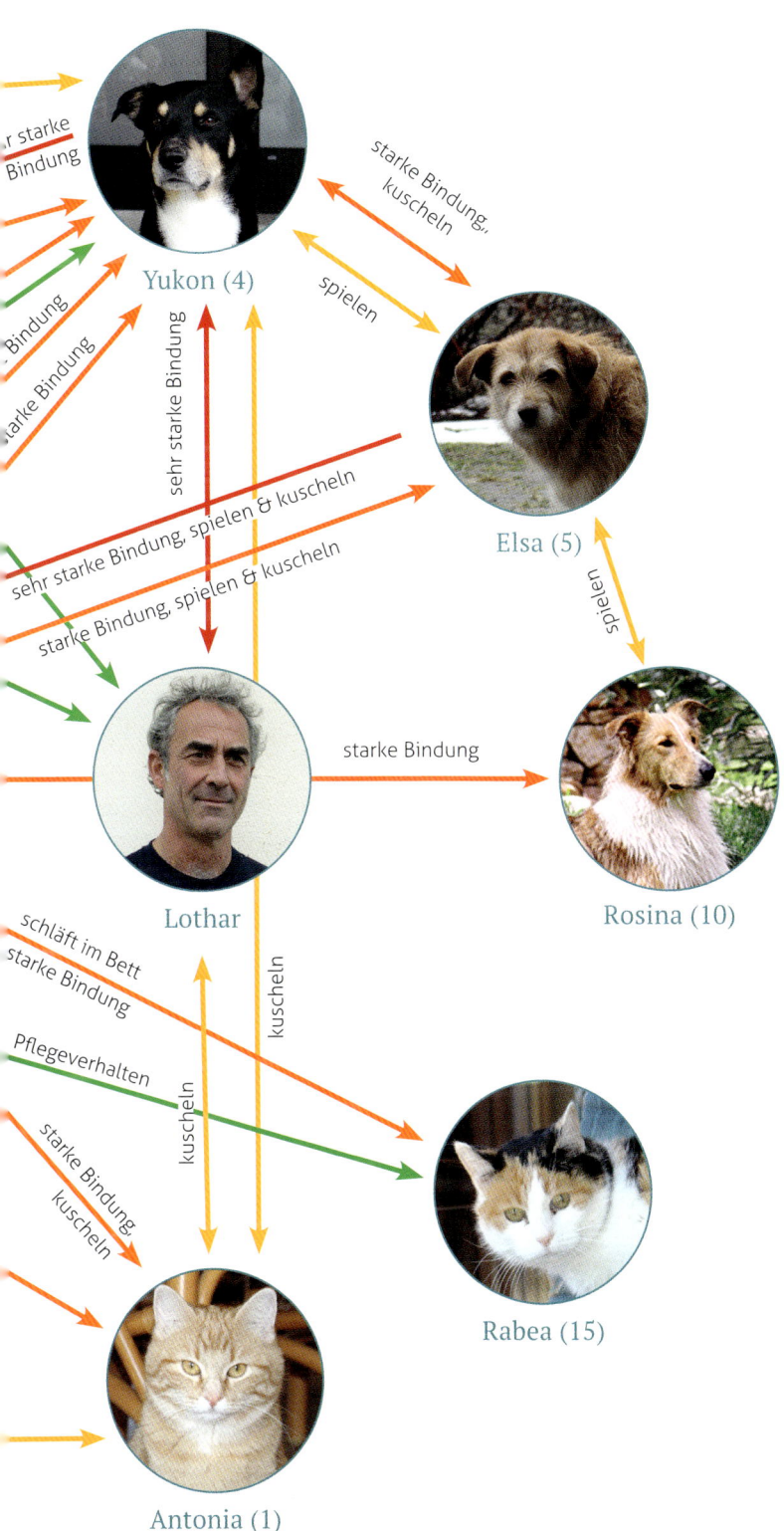

r starke Bindung

Bindung

arke Bindung

Yukon (4)

sehr starke Bindung

starke Bindung, kuscheln,,

spielen

sehr starke Bindung, spielen & kuscheln

starke Bindung, spielen & kuscheln

Elsa (5)

spielen

Lothar

starke Bindung

Rosina (10)

schläft im Bett
starke Bindung

Pflegeverhalten

starke Bindung, kuscheln

kuscheln

kuscheln

Rabea (15)

Antonia (1)

Es ist immer wieder unglaublich interessant zu beobachten, wer sich wann und mit wem in Beziehung setzt, sowohl von Hund zu Hund als auch von Hund zu Mensch oder zu den anderen Tieren der Familie. Ebenso, wann wer mit wem spielt, wer sich um wen im Krankheitsfall kümmert, wer gemeinsam in einem Körbchen liegt – und wer auf keinen Fall! Auch wie ein Neuer in die Gruppe integriert wird bzw. wie ein bisher solitär gehaltener Hund aufblüht, wenn ein weiterer einzieht und die Passung zwischen den beiden stimmt.

Bei der Mehrhundehaltung ist es interessant zu beobachten, welche Individuen sich wie miteinander in Beziehung setzen.

Es ist rührend mitzuerleben, wie sich gegenseitig Spielzeuge gebracht, die Ohren ausgeschlabbert oder das Fell beknabbert wird und unglaublich niedlich anzusehen, wenn sich zwei oder drei aneinander kuscheln, bevor sie friedlich vereint einschlafen. Das sind die goldenen Momente der Mehrhundehaltung, insbesondere wenn die Hunde uns selbst in diese Aktivitäten mit einbeziehen.

Jetzt zum Beispiel, da ich diese Zeilen schreibe, liegen vier meiner Hunde auf dem Teppich vor mir, einer direkt zu meinen Füßen und ein weiterer auf dem Sessel, der gegenüber des Schreibtisches in der Ecke steht. Sobald ich aufstehe, um mir einen Tee zu holen, schauen alle auf, um herauszufinden, wohin ich gehe; und erst auf mein Handzeichen, das bedeutet, dass ich sofort wieder da bin und es sich nicht lohnt, mir hinterherzulaufen, lassen alle den Kopf wieder auf die Seite fallen und dösen weiter. Eine herrliche Gemeinsamkeit, die auch noch von einer unserer Katzen ergänzt wird, die auf dem Kachelofen liegt, den ich vor zwei Stunden angeheizt habe. Bevor ich aber noch weiter von meinen Tieren erzähle, kommen wir zum nächsten Kapitel, in dem es über das Aussuchen und Kennenlernen des neuen Hausgenossen geht.

Das Aussuchen und Kennenlernen

Leider gibt es keine pauschalen Ratschläge darüber, welchen Typ von Hund Sie zu Ihrem bisherigen dazu nehmen sollten, um eine möglichst gute Passung zu erreichen. Es ist zum Beispiel nicht richtig, dass sich Hunde der gleichen oder zumindest ähnlichen Rasse immer gleich gut verstehen. Sie können zum Beispiel zwei Russische Terrier vor sich haben, die super oder auch überhaupt nicht miteinander auskommen.

Auch die Annahme, Hunde des gleichen Charakters passen immer gut zusammen, stimmt so nicht. Wenn Sie einen quirligen Terrier haben, kann dieser mit einem ebenso quirligen Terrierkumpel nach dem Motto: „Gleich und gleich gesellt sich gern", gut auskommen. Es könnte aber auch sein, dass ein ausgeglichener, ruhigerer Hund besser zu ihm passt, hier nach dem alten Sprichwort: „Gegensätze ziehen sich an."

Es gilt, den Richtigen zu finden; und ganz gleich, ob Sie ihn aus dem Tierschutz, vom Züchter, aus der Nachbarschaft oder dem Bekanntenkreis zu sich holen möchten, dieser Hund und Ihre bereits vorhandenen brauchen erst mal Zeit, sich kennenzulernen. Am besten treffen Sie sich an einem neutralen Ort, einer großen Wiese oder einem Auslauf des Tierheims, in dem der neue eventuell untergebracht ist, und geben den Hunden die Gelegenheit, sich zu beschnüffeln und gemeinsame Aktionen einzuleiten.

Geben Sie den Hunden Zeit!

Leider zeigt sich immer wieder, dass viele Hundehalter in dieser Phase viel zu ungeduldig sind. Wenn die Hunde nicht nach wenigen Minuten miteinander spielen, gehen sie davon aus, dass sie sich nicht mögen. Aber würden wir mit jemandem ausgelassen herumtollen, den wir gerade erst vor fünf Minuten kennengelernt haben? In der Regel nicht. Kinder (Menschenkinder wie Hundekinder) tun dies mitunter, aber Erwachsene brauchen zunächst mal etwas Zeit, um sich im wahrsten Sinne des Wortes zu beschnuppern.

Nicht jedes Kennenlernen geht gleich in ein ausgelassenes Spiel über.

Zusätzlich sollten Sie vermeiden, die ganze Zeit bei den Hunden zu stehen und diese gespannt zu beobachten oder mit Aufforderungen wie: „Ja, nun spielt doch mal, ja, hopp, hopp, spieli, spieli…", und Händeklatschen anzuheizen. Freundschaft braucht Zeit, um sich zu entwickeln, und wird die Situation künstlich von außen angefeuert, richtet dies oftmals mehr Schaden an, als dass es nützt. Sie könnte sich sogar so weit aufheizen, dass es in der Folge „knallt". Ein gemeinsamer Spaziergang ist da eher sinnvoll und kann dazu beitragen, die Stimmung etwas aufzulockern.

Manche Halter gehen aber auch davon aus, dass die Hunde sich suuuper verstehen,

nur weil sie sich in den ersten fünf Minuten nicht in die Wolle gekriegt haben – und das stimmt meist auch nicht. Meine Hunde zum Beispiel treffen gern andere Hunde, wenn wir spazieren gehen. Mit manchen verbindet sie eine friedliche Koexistenz, andere werden betont ignoriert und mit manchen wird auch gern und ausgiebig gespielt. Das bedeutet aber nicht, dass sie jeden Spielkumpel mit nach Hause nehmen wollen. Ich habe schon mehrfach erlebt, wie sich einer meiner Hunde umdrehte und ganz leicht die Lefzen anhob, wenn der Spielkumpel von eben mit in unseren Garten oder geschweige denn ins Haus laufen wollte. Es wurde ganz klar signalisiert: „Ich mag Dich, aber hier ist die Grenze!" Letztendlich ist es wie bei uns Menschen: Nicht jeder, mit dem man gern mal ins Kino oder zum Essen geht, darf auch gerne bei uns einziehen! ☺

Vertragen sich zwei oder mehrere Hunde auf einem Spaziergang gut miteinander, heißt dies noch lange nicht, dass sie auch dauerhaft zusammen wohnen möchten.

Mehrere Treffen auf neutralem Boden geben Ihnen allmählich Auskunft darüber, wie die Hunde zueinander stehen und ob eine Vergesellschaftung Sinn macht oder nicht. Lassen Sie sich keinesfalls von der abgebenden Partei unter Druck setzen! Wenn ein Tierschutzverein, eine Privatperson oder ein Züchter kein Verständnis für eine behutsame Zusammenführung hat, sollten Sie misstrauisch werden. Warum haben die Leute es so eilig, den Hund loszuwerden? Selbstverständlich gibt es tatsächlich Notfälle wie einen plötzlichen Todes- oder Krankheitsfall oder einen Tierschutzhund, der seine Pflegestelle verlassen muss, weil es dort nicht klappt, die eine schnelle Entscheidung fordern, aber das sollte die Ausnahme sein.

W ie oft sich die Hunde auf neutralem Boden getroffen haben sollten, bevor man gemeinsam ins neue Zuhause fährt, hängt ganz vom Rassetyp und dem individuellen Charakter der Tiere ab. Herdenschutzhunde und andere territorial veranlagte Rassen brauchen meist etwas länger, ehe sie einen „fremden" Hund ins Haus lassen. Labradore, Beagle und Pudel sind da oft unkritischer – es sei denn, es liegt Beute in Form von Futter, Kauknochen oder Spielzeug herum, weshalb Sie all

Geben Sie den Hunden
Zeit beim Kennenlernen.

das unbedingt vorher wegräumen sollten! Es hat sich bewährt, den Neuen erst einmal für ein paar Stunden mitzunehmen und den Hunden dann wieder eine Pause voneinander zu gönnen. Wird dieses Prozedere über ein paar Tage eingehalten, können sich die Hunde schrittweise aneinander gewöhnen, was die Eingliederung erleichtert.

Wenn dies nicht möglich ist, weil der Neue zum Beispiel aus großer Entfernung adoptiert wird, kann man den Hunden auch mal dadurch eine Auszeit voneinander gönnen, dass man sie in separaten Teilen der Wohnung/ des Hauses unterbringt, sie durch ein Kindergitter trennt oder getrennt mit ihnen spazieren geht. Oftmals ist das aber auch gar nicht nötig! Wenn sich die Hunde auf Anhieb gut verstehen, braucht man diese schrittweise Eingewöhnung nicht unbedingt. Ich kenne mehrere Fälle, wo die Hunde, die sich morgens kennenlernten, abends bereits zusammenzogen und am nächsten Tag schon gemeinsam im gleichen Körbchen lagen. Sie sollten nur nicht davon ausgehen, dass dies immer der Fall ist bzw. dass Hunde, die etwas mehr Zeit zum Kennenlernen brauchen, nicht ebenso gute Freunde werden können.

Manchmal brauchen die Hunde in der Eingewöhnungsphase eine Auszeit voneinander, um sich dann wieder entspannt begegnen zu können.

Ein guter Freund von mir hält mehrere Herdenschutzhunde. Bei der Integration eines jungen Kangal-Rüden dauerte es mehrere Tage, ehe seine Anwesenheit von der jungen Hündin des Haushalts überhaupt akzeptiert wurde, während die erwachsenen Rüden der Gruppe ihn gleich mochten. Anfangs hätte die Hündin ihn am liebsten aus dem Haus getrieben und es erforderte viel Fingerspitzengefühl, die beiden davon zu überzeugen, dass der jeweils andere doch nicht so übel ist. Nach etwa vier Wochen begannen die beiden, auch mal nebeneinander im gleichen Raum zu liegen, weitere zwei bis drei Wochen später spielten sie vorsichtig miteinander, vermieden es aber, sich in der Nähe des Futters zu begeg-

Freundschaft braucht Zeit zum Wachsen und macht einen so vertrauten Umgang wie auf diesem Foto möglich.

nen, weil die Situation zwischen ihnen durchaus noch angespannt war. Drei weitere Wochen später spielten sie viel und ausgiebig miteinander und nach insgesamt drei Monaten waren sie unzertrennlich! Ein richtiges Liebespaar, das nicht einmal getrennt voneinander spazieren gehen wollte. Dann starben innerhalb weniger Monate die beiden alten Rüden, so dass die beiden noch enger zusammengeschweißt wurden. Und dann passierte die Katastrophe: Die Hündin verstarb an einer plötzlich aufgetretenen Niereninsuffizienz, die nicht in den Griff zu kriegen war, im Alter von nur sieben Jahren. Der inzwischen vierjährige Rüde war am Boden zerstört, von der Gruppe, in die er hineingewachsen war, war niemand mehr übrig, vor allem seine geliebte Gefährtin nicht – und er war zum ersten Mal im Leben allein. Die Halter reagierten völlig richtig und adoptierten, obwohl ihre eigene Trauerphase eigentlich noch nicht abgeschlossen war, innerhalb einer Woche eine junge Kaukasen-Hündin aus dem Tierschutz. Die Zusammenführung der beiden Hunde dauerte in einem Auslauf des Tierheims eine viertel Stunde – dann mochten die beiden sich bereits. Die Hündin wurde noch am gleichen Tag mit nach Hause genommen, das Zusammenleben klappte von

Anfang an hervorragend und innerhalb von nur zwei bis drei Wochen wurde aus den beiden ein super tolles Team.

In einem anderen Fall saß in einem Tierheim ein schwarzer Labradormischling, von dem ein Ehepaar sehr angetan war, das bereits zwei Mischlinge gleichen Typs hielt. Allerdings waren sich die beiden nicht sicher, ob sich alle drei Hunde verstehen würden, denn sie hatten einen Rüden und eine Hündin und wussten nicht, wie ihr Rüde auf einen gleichgeschlechtlichen Artgenossen im Haus reagieren würde. Nachdem drei Spaziergänge innerhalb einer Woche gut geklappt hatten, nahmen sie den deutlich jüngeren Rüden mit und es zeigte sich, dass alle Bedenken unbegründet waren. Der bereits zehnjährige Rüde war offensichtlich heilfroh, dass der neue Jungspund und seine ebenfalls noch junge und daher lebhafte Gefährtin viel miteinander spielten – und er somit mehr Ruhephasen hatte. Alle drei Hunde leben völlig problemlos zusammen.

Nicht immer sind die Bedenken des Halters in Bezug auf eventuelle Konkurrenzsituationen unter den Hunden begründet.

Auf die richtige Reihenfolge kommt es an! ☺

Ich werde oft gefragt, welchen Hund man zuerst vorstellen sollte, wenn man bereits mehrere hat und ein neuer hinzukommen soll. Diese Frage ist gar nicht so einfach zu beantworten, weil die Antwort etwa so komplex ist wie die unterschiedlichen Charaktere der bereits bestehenden Gruppe und des Neuankömmlings. Oftmals ist es gut, den souveränsten der Gruppe zuerst mit dem Neuen bekannt zu machen, denn wenn dieser ihn akzeptiert, tut dies der Rest der Gruppe in der Regel auch. Manchmal ist es aber auch gut, den ruhigsten der Gruppe zuerst vorzustellen oder den, der einer bestimmten Rasse angehört. Wieder in anderen Fällen wählt man zuerst den, mit dem man die meisten Reibungspunkte erwartet, um erst einmal zu schauen, ob es mit diesen beiden überhaupt klappt. Erst wenn dem so ist, werden die anderen dazu gelassen. Auch hierzu ein paar Beispiele:

Vor ein paar Jahren nahm ich eine junge Collie-Hündin in meinen eigenen Haushalt auf, die im Alter von fünf Monaten bei einem Massenvermehrer beschlagnahmt und zu dem Tierschutzverein „Collie in Not e.V." gebracht wurde. Als sie im Alter von siebeneinhalb Monaten zu mir kam, hatte sie noch nie andere Hunde als Collies gesehen! Also stellte ich ihr aus meiner Gruppe zuerst die Collie-Hündin vor, die ich damals bereits hatte. Die Begegnung verlief völlig problemlos, als würde die junge Hündin sagen: „Du bist ein Collie, ich auch, alles gut." Als nächstes kam mein damaliger Leitrüde Chenook in den Raum, eine Mischung aus Collie, Hovawart und Schäferhund, was die junge Hündin völlig aus der Fassung brachte. Sie schrie auf, zitterte und war offensichtlich total überfordert mit seinem Anblick, denn „so etwas" hatte sie noch nie gesehen. Ähnlich verliefen die ersten Begegnungen mit meiner Windhündin, meiner Gebirgsschweißhündin und meinem Shiba Inu-Mischling. Da alle meine Hunde sehr entspannt und freundlich mit ihr umgingen und sie absolut in Ruhe ließen, gewöhnte sie

Bei der Zusammenführung des neuen Hundes mit einer bestehenden Gruppe muss gut überlegt gehandelt werden.

sich innerhalb weniger Stunden an den Anblick der aus ihrer Sicht „komisch aussehenden" Hunde und schloss auch schnell Freundschaft mit ihnen; aber sicher war es gut, dass sie zuerst die Collie-Hündin als freundlich und vertrauenswürdig kennengelernt hatte, denn sie orientierte sich sehr an deren entspanntem Verhalten gegenüber den anderen Hunden.

E ine Freundin von mir hielt bereits sechs Hunde, die sehr entspannt und freundschaftlich verbunden miteinander lebten, als sie sich entschloss, eine weitere Hündin aus dem Tierschutz zu adoptieren. Wir trafen uns auf meinem großen, eingezäunten Hundeplatz, auf dem diese Hündin bereits frei herumlief. Zuerst ließ sie ihren sehr souveränen Leitrüden zu der jungen Hündin, der sie neugierig beschnüffelte und offensichtlich als „ganz nett" einstufte. Die anderen Hunde schauten von draußen genau zu, und als ich meine Freundin fragte, welchen Hund wir denn als nächstes reinlassen wollten, sagte sie nur: „Du kannst jetzt alle reinlassen. Wenn Blacky sagt, die ist o.k., dann ist es für die anderen auch so." Und genau so war es. Wir ließen zuerst drei weitere Hunde rein und nach kurzem, unaufgeregtem Schnüffeln noch mal zwei Shelties, die rassetypisch mit lautem Bellen auf die junge Hündin zuliefen, um dann kurz vor ihr abzustoppen und freundlich zu wedeln. Wir blieben etwa eine Stunde alle gemeinsam auf dem Hundeplatz, danach fuhr die junge Hündin ganz selbstverständlich mit nach Hause und fühlte sich dort innerhalb weniger Stunden so wohl, dass sie völlig entspannt mit drei weiteren Hunden auf dem Sofa lag, als hätte sie schon immer dazu gehört. ☺

Manche Zusammenführungen laufen so unproblematisch ab, dass der Neuankömmling innerhalb kürzester Zeit nicht mehr als solcher in der Gruppe zu erkennen ist.

In einem anderen Fall wollte ein Paar, das bereits zwei Rüden und zwei Hündinnen hatte, einen weiteren Rüden adoptieren. Wir überlegten, ob wir dem Neuen zuerst die Rüden oder zuerst die Hündinnen vorstellen sollten und entschieden schließlich, dass es besser wäre, zuerst die Jungs miteinander bekannt zu machen, bevor es womöglich bei der ersten Begegnung gleich zu einer Konkurrenz um die Weibchen kommen würde, wenn der neue Rüde diese schon vorher kennengelernt hätte. Und genau so erwies es sich auch als richtig! Allerdings brauchte es schon mehrere Treffen, ehe sich die drei Rüden aneinander gewöhnt hatten. Dann erst kamen die Hündinnen dazu, was kurzfristig zu Spannungen führte, die sich aber innerhalb weniger Minuten durch das deeskalierende Verhalten des neuen Rüden klärten. Nach weiteren täglichen Spaziergängen mit allen fünf Hunden über einen Zeitraum von einer Woche konnte er dann im neuen Zuhause einziehen.

Grundsätzlich sollten Sie folgende Punkte beachten:

- Geben Sie sich und den Hunden Zeit. Es ist – zumindest in den meisten Fällen – nicht wichtig, ob sich die Hunde schon nach wenigen Minuten verstehen oder ob sie etwas länger brauchen, ehe sie warm miteinander werden.

- Drängen Sie die Hunde nicht zu irgendwelchen Aktivitäten, fordern Sie sie nicht dazu auf, miteinander zu spielen usw. In der Regel wissen Hunde sehr genau, wann es Zeit für ein ausgelassenes Spiel ist und wann man sich lieber ruhig verhalten sollte, weil die Vertrauensbasis für wildes Herumtoben noch nicht geschaffen ist.

- Gehen Sie am besten spazieren, das vermeidet ein angespanntes Herumstehen, bei dem alle Beteiligten auf die Hunde starren und warten, was nun passiert – was diese natürlich auch merken und sie leicht nervös machen kann, zumindest aber ihr Verhalten beeinflusst.

Wie Sie an diesen Beispielen erkennen, kann die erste Zusammenführung ganz unterschiedlich verlaufen. Es kommt ganz darauf an, wie viele Hunde mit welchen Charaktereigenschaften Sie bereits haben und welcher Typ von Hund hinzukommen soll.

Sollte es heftige Spannungen zwischen den Hunden geben, ist dies wahrscheinlich ein Zeichen dafür, dass es nicht klappen wird mit dem neuen Hausgenossen. Sollten Sie über sehr viel Erfahrung mit Hunden verfügen und viel Zeit investieren können, können Sie mit kurzen, regelmäßigen Treffen versuchen, ob es eventuell doch noch klappt, aber in der Regel werden Hunde, die sich mit ganz deutlicher Ablehnung begegnen, keine guten Freunde. Allerdings gibt es – wie

bei jeder Regel – auch Ausnahmen. Vor ein paar Monaten bat mich eine Kundin, bei der Zusammenführung ihres Šarplaninac-Rüden und einer Mischlingshündin in einem Tierheim zu helfen, die sie gern adoptieren würde. Da ihr Rüde bei Anfangsbegegnungen mit fremden Hunden nicht immer einfach ist, wollte sie lieber fachliche Unterstützung dabeihaben.

Manchmal trägt der erste Eindruck und ein zunächst unverträglich erscheinender Hund zeigt doch noch seine soziale und friedliche Seite.

D ie Tierheimmitarbeiter waren sehr nett und räumten einen Auslauf frei, damit sich die Hunde erst mal ungestört treffen konnten. Wir gingen mit dem Rüden rein, als die wirklich sehr freundliche Hündin nachkam, ging er drohend und polternd nach vorn, so dass die Hündin gleich wieder raus wollte. Die Halterin wollte schon abbrechen, doch ich hatte im Ausdrucksverhalten des Rüden etwas Besonderes gesehen, nämlich seinen Augenausdruck. Der erzählte eine ganz andere Geschichte als die vom schwierigen, mit dieser Hündin unverträglichen Rüden – er erzählte von Angst. Obgleich das restliche Ausdrucksverhalten des Rüden offensiv gegen die Hündin gerichtet war, zeigten die Augen, die Marc Bekoff so treffend als Spiegel der Seele bezeichnet, Angst. Ich überlegte einen Moment und bat dann, die schon zurück in ihren Zwinger gebrachte Hündin nochmals zu holen. Sie machte zwar einen vorsichtigeren, aber nicht völlig verstörten oder eingeschüchterten Eindruck. Als sie näher zum eingezäunten Bereich kam, fing der Rüde wieder an zu knurren und da tat ich etwas, das viele sicher für falsch halten würden: Ich nahm ihn in den Arm und redete ihm sanft zu, streichelte ihn dabei und positionierte mich dabei so, dass er sich bei mir anlehnen konnte, sozusagen als „Rückendeckung". Ich erzählte ihm mit Murmelstimme, wie nett diese Hündin sei und dass er sich nicht vor ihr zu fürchten brauche. Und genau das war es, was dieser riesige Kerl brauchte: Rückendeckung, Verständnis, Zuversicht und Unterstützung. Innerhalb weniger Minuten beruhigte er sich. Als die Hündin in den Auslauf kam, habe ich ihn zunächst noch an einer drei Meter langen Leine geführt, um schnell eingreifen zu können, falls er doch wieder in sein angst-aggressives Verhalten zurückfallen würde. Das war jedoch eine überflüssige Vorsichtsmaßnahme. Schon wenige Minuten später liefen die beiden miteinander herum, schnüffelten hier und da, schauten sich dabei an – und fingen an zu spielen, nachdem ich ihn abgeleint hatte. Nach drei weiteren Treffen mit gemeinsamen Spaziergängen wurde die Hündin adoptiert und fügte sich vollkommen problemlos in den neuen Haushalt ein. Die beiden Hunde sind dicke Freunde.

Verhält sich ein Hund bei der ersten Zusammenführung ablehnend oder rüpelhaft, kann Unsicherheit der Grund dafür sein.

Ginge man ausschließlich nach den Regeln der Lerntheorie, hätte ich im Augenblick des Knurrens mit meinen Streicheleinheiten und meinem guten Zureden eine falsche Bestätigung gesetzt, die das Verhalten des Rüden eigentlich hätte verstärken müssen. Aber Hunde sind eben mehr als beliebig konditionierbare Biolebendmasse. Sie sind – auch – ein Herz und eine Seele auf vier Pfoten. ☺

Ganz gleich, ob es beim ersten Kennenlernen gleich klappt oder ob Sie mehrere Anläufe brauchen, bevor sich die Hunde anfreunden; wenn eine erste freundschaftliche Basis geschaffen ist, gilt es einige Vorbereitungen zu treffen, damit auch der Einzug in das neue Zuhause klappt. Woran dabei zu denken ist, beschreibt das nächste Kapitel.

Der Einzug

Die Vorbereitung

Um den Einzug so erfolgversprechend wie möglich vorzubereiten, sollten Sie alles wegräumen, weswegen sich die Hunde (auch nur eventuell) in die Wolle kriegen können: Spielzeug, Kauknochen oder herumstehendes Futter – alles weg! Falls Sie glauben, das sei nicht nötig, weil Ihr Hund sehr großzügig gegenüber Artgenossen mit seinen Sachen umgeht, müssen Sie trotzdem bedenken, dass dies bei dem anderen eventuell nicht so ist. Im schlimmsten Fall verteidigt der neue das Spielzeug oder den Kauknochen, den er Ihrem bisherigen Hund gerade weggenommen hat. Und ob dieser dann immer noch gelassen und ruhig bleibt, sollte man nicht ausprobieren. Gehen Sie lieber auf Nummer sicher und entfernen Sie alles, was Konkurrenzsituationen um Beute aufkommen lassen könnte.

Natürlich könnte es auch zu einer Konkurrenzsituation um Ihre Zuneigung kommen, weshalb es sehr wichtig ist, diese bedacht zu verteilen. Sie sollten weder den neuen noch den bisherigen Hund übermäßig bevorzugen, sondern sich am besten erst mal zurückhalten. Für manche Menschen ist das schwierig, weil sie im Überschwang der Gefühle über den neu eingezogenen Hausgenossen diesen am liebsten die ganze Zeit umsorgen und knuddeln würden. Dies gilt insbesondere, wenn der neue ein Welpe oder ein alter, kranker Hund ist. Aber das wäre nicht fair und könnte leicht Eifersüchteleien oder zumindest Kränkungen beim Bisherigen nach sich ziehen. Auch eine deutliche Bevorzugung des Hundes, der schon länger bei Ihnen lebt, ist nicht sinnvoll, weil sie eventuell falsche Signale zum Neuen sendet, der sich ja schließlich nicht wie „die zweite Geige" vorkommen soll. Am besten achten Sie also darauf, dass Sie Streicheleinheiten und andere liebevolle Zuwendung bedacht einsetzen und relativ gleichmäßig verteilen.

Futter und Wasser

Füttern Sie in den ersten Tagen in jedem Fall getrennt und stellen Sie ein bis zwei zusätzliche Wassernäpfe auf. Tatsächlich hat es schon Hunde gegeben, die sich im Zuge des Zusammengewöhnungsprozesses nicht nur um Futter, sondern sogar um das Vorrecht am Wassernapf gestritten haben. Vor ein paar Jahren wurde ich zu Kunden gerufen, die aus dem Griechenlandurlaub eine junge Hündin vom Strand mitgenommen hatten, die dort offensichtlich ausgesetzt worden war. Ihre daheim wartende neunjährige Jagdhündin war von dem Urlaubsmitbringsel ihrer Menschen in keiner Weise begeistert und machte ihrem Unmut

In den ersten Tagen nach dem Einzug kann es sinnvoll sein, die Hunde getrennt voneinander zu füttern.

darüber Luft, dass sie die Kleine ständig räumlich reglementierte. Egal, wohin die junge Hündin gehen wollte, die alte schnitt ihr den Weg ab und drohte sie so lange an, bis sie sich in ihren Korb zurückzog. Wenn gefüttert wurde, mussten die beiden getrennt werden, da die Jagdhündin sonst auf die deutlich jüngere losgegangen wäre, und selbst die beiden Wassernäpfe verteidigte die eifersüchtige Althündin derart vehement, dass die junge praktisch gar nicht zum Trinken kam und regelrecht dehydriert war, als ich dort eintraf. Die Kunden wollten nun einen Rat, wie man die beiden besser zusammen gewöhnen konnte. Als ich die verzweifelte Junghündin und die ebenso unglückliche Althündin sah, sagte ich, wie es war: Da wird es kein Happy End geben! Die junge Hündin wurde in ein anderes Zuhause gegeben, wo sie entspannt und glücklich leben durfte und die Halter fanden sich damit ab, dass ihr „altes Mädchen", wie sie sie liebevoll nannten, keine Lust verspürte, ihr seit neun Jahren allein bewohntes Heim mit einem anderen Hund zu teilen. Natürlich verläuft der Einzug in vielen Fällen auch deutlich friedlicher und unkomplizierter, aber trotzdem sollte man kein Risiko eingehen, das sich so einfach vermeiden lässt. ☺

Die Liegeplätze

Richten Sie bitte ein bis zwei neue Liegeplätze ein. Im Idealfall mit Körben oder Decken, die bereits den Eigengeruch des Neuzugängers an sich tragen, damit erstens dieser weiß, welche seine Plätze sind und zweitens auch Ihr bisheriger Hund versteht, wo dieser seinen Platz beanspruchen darf. Gehen Sie bitte nicht davon aus, dass es sowieso mehr Liegeplätze als genug gibt und der Neuzugang sich einfach irgendeinen davon aussuchen soll,

Gute Freunde kuscheln sich gern zusammen.

denn genau das kann zu Spannungen unter den Hunden führen. Aus Sicht der Hunde, die bereits im Haus leben, ist es eine Anmaßung des Neuen, sich einfach auf deren Liegeplätze zu legen, und den Neuen bringen Sie in die unangenehme Situation, keinen eigenen beanspruchen zu können, ohne mit den anderen aneinander zu geraten. Ziehen mit ihm aber ein bis zwei Liegeplätze ein, die er bereits als seine kennengelernt hat (zum Beispiel sein Körbchen aus dem Tierheim oder aus dem vorherigen Zuhause), sind deutliche Signale in beide Richtungen gesetzt.

N un gibt es mehrere Möglichkeiten, wie die Hunde reagieren. Eine Variante besteht darin, dass alle Hunde die Körbchen, Decken usw. genau so respektieren, wie sie schon immer verteilt waren. Jeder liegt auf seinem Platz, alles gut. Eine andere Variante kann darin bestehen, dass die Hunde die Plätze untereinander tauschen. Geschieht dies ohne Spannungen, sollten Sie nicht eingreifen. Legt sich aber einer der Hunde immer blitzschnell auf den Platz, auf den der andere gerade wollte und macht er dies sogar, wenn der andere auch bereit wäre, auf einen anderen Platz auszuweichen, sollten Sie diese Machtdemonstrationen ruhig und souverän unterbinden.

Stellen Sie ausreichend viele gemütliche Liegeplätze zur Verfügung, damit es nicht zu Streitigkeiten um sie kommt.

Gleiches gilt, wenn einer der Hunde versucht, den anderen ständig räumlich einzuschränken. Unsere Hündin Elsa zum Beispiel hatte die Angewohnheit, jeden Neuzugang zu „stalken". Egal, wohin dieser Hund ging, sie lief ihm auf Schritt und Tritt hinterher und versuchte immer wieder, ihm den Weg abzuschneiden. Sie griff nicht an, knurrte auch nicht, aber natürlich fühlte sich der andere trotzdem extrem verunsichert – was auch in ihrer Absicht lag! – und je defensiver er sich verhielt, um ihrer Verfolgung zu entgehen, desto mehr drehte Elsa auf. Selbstverständlich schritten wir ermahnend ein und sagten Elsa mit entsprechender Gestik unterstrichen, dass sie das zu unterlassen habe, was sie dann auch tat. In der Regel dauerte diese Phase nur wenige Tage an, aber in dieser Zeit musste man einfach aufpassen und reglementierend eingreifen.

F alls Ihr Hund/ Ihre Hunde auf dem Sofa und/ oder Ihrem Bett liegen dürfen, wundern Sie sich nicht, wenn dem Neuen der Zugang zu diesen exklusiven, sehr persönlichen Liegeplätzen in der ersten Zeit verwehrt wird. In der Regel dauert es einige Tage, Wochen oder auch Monate, ehe er so weit in den Verband integriert ist, dass er auch in diesen „intimen" Bereich vordringen darf. Als Shorty, unser Chihuahua-Shiba Inu-Mischling, im Alter von ca. fünf Jahren einzog, wurde er freundlich von den anderen Hunden aufgenommen und durfte auch alle ihre Liegeplätze vom ersten Tag an mit benutzen – aber in unser Bett durfte er nicht! Sobald er den Kopf um die Ecke der Schlafzimmertür steckte,

Manche Privilegien werden dem Neuen von den anderen Hunden erst mit der Zeit zugestanden, was im Nachhinein betrachtet oft Sinn macht.

kam ihm ein unmissverständliches Knurren von einem der anderen Hunde entgegen, worauf er sich schleunigst trollte. Nach einigen Tagen durfte er dann das Schlafzimmer betreten und sich dort auf den dicken, weichen Teppich legen; aber erst nach mehreren Wochen erlaubten ihm die anderen Hunde, mit aufs Bett zu springen und es sich dort gemütlich zu machen. Wie sich dann herausstellte, aus gutem Grund! Denn kaum hatte Shorty es bis dahin geschafft, wurde er größenwahnsinnig! War er zuerst auf dem Bett, versuchte er durch Knurren seinerseits, diese Insel der Glückseligkeit für sich allein zu beanspruchen. Ich bin sicher, dass die anderen Hunde ihn genauso eingeschätzt hatten und ihn deshalb anfangs nicht herauf ließen, sondern erst zu einem Zeitpunkt, zu dem sich alle schon gut genug aufeinander eingestellt hatten, dass sie Shorty´s Bemühungen um die alleinige Herrschaft über unser Bett einfach ignorierten und sich neben ihn legten, worauf er schließlich aufhörte zu knurren.

Die Individualdistanz

Wie schon weiter vorne im Buch erwähnt, sollten Sie die Hunde zum
Beispiel im Auto anfangs nicht zu
dicht nebeneinander setzen. Die
Einhaltung der Individualdistanz ist
ein wichtiger Punkt des respektvol-
len Umgangs miteinander und wird
diese – wenn auch unfreiwillig durch
ein Abrutschen in einer zu schnittig
genommenen Kurve – unterschrit-
ten, kann es Ärger geben. Dies gilt
auch für andere Engstellen wie zum
Beispiel beim Rausgehen aus der
Tür, wenn es aufgeregt zum nächsten

Gassigang losgeht oder beim Kuscheln, wenn Sie beide
Hunde gleichzeitig streicheln und diese sich dabei zu nahe
kommen. Achten Sie einfach auf etwas Platz zwischen den
Hunden, dann heizt sich die Situation nicht unnötig auf.

D eshalb sollten Sie Hunde auch nicht an so kurzen
Leinen führen, dass sich diese nicht ausreichend aus
dem Weg gehen können. Völlig abzuraten ist von
den sogenannten Koppeln, bei denen sich eine Leine in
zwei kurze Stücke verzweigt. Dem Halter wird als Vorteil an-
gepriesen, dass man so zwei Hunde führen kann und dabei
trotzdem eine Hand frei hat. Was auf den ersten Blick praktisch erscheinen mag, ist für die Hunde bei näherer Betrach-
tung extrem unangenehm: Sie müssen nicht nur sehr eng
beieinander laufen, wodurch sie praktisch keine Möglichkeit haben, auch mal getrennt voneinander zu schnüffeln
oder stehen zu bleiben, sondern müssen auch bei gleicher
Enge urinieren und koten! Kommt es zu einer angespann-
ten Situation, zum Beispiel mit Artgenossen, kann es durch
die aufgeheizte Stimmung schnell zu einem Umadressieren
auf den kommen, der am dichtesten dran steht – und das
ist dann der Hund, der mit an der Leine hängt und keine
Chance hat, durch Ausweichen zu deeskalieren. ☹

*Achten Sie grundsätzlich
und vor allem in der Zeit
des Zusammengewöhnens
darauf, dass die Hunde
nicht dazu gezwungen
werden, ihre Individual-
distanz dauerhaft zu
unterschreiten.
Das kann schnell zu
Spannungen führen.*

Die ersten Tage, Wochen, Monate

Eine alte Regel besagt, dass sich Veränderungen jeweils in den ersten drei Tagen, drei Wochen und drei Monaten einstellen und das stimmt wirklich. In den ersten drei Tagen werden Hunde, die sich gleich mögen, spielen, spielen und nochmals spielen – besonders wenn sie jung sind. Es kommt Unruhe ins Haus! Nach zwei bis drei Tagen macht sich Erschöpfung breit und der erste „Hype" ist vorbei, es wird wieder ruhiger.

Hunde, die noch etwas Zeit brauchen, um miteinander warm zu werden oder die schon älter und vom Temperament her gesetzter sind, werden bedacht und vorsichtig abwägen, wo die Grenzen des anderen sind und wo Gemeinsamkeiten entstehen können. Die Situation ist noch ungewohnt, aber auch hier werden Sie nach etwa drei Tagen bemerken, wie sich die Lage entspannt und der Umgang selbstverständlicher wird.

Nach drei Wochen spielt sich allmählich ein Alltag ein und nach drei Monaten läuft eine gewisse Routine im täglichen

Miteinander ab. Die Hunde haben sich gut kennengelernt, Aufgaben wurden unter ihnen verteilt und Grenzen wurden respektiert oder eventuell auch neu abgesteckt. Dabei kann es auch mal zu Gebrummel oder kurzen Machtdemonstrationen kommen, die Sie nicht gleich beunruhigen müssen, wenn sich die Hunde danach gleich wieder arrangieren und keine Beißereien oder gar Verletzungen daraus entstehen. Sehen Sie es gelassen als das, was es ist – auch in einer menschlichen Partnerschaft muss anfangs herausgefunden werden, was mit dem anderen läuft und was nicht. Warum sollte es bei Hunden anders sein?!

Abgesehen davon kann es dabei auch ganz ruhig zugehen. Manchmal verschieben sich Positionen so ruhig und selbstverständlich, dass sie vom Halter erst nach einer Weile bemerkt werden. Ein Kunde von mir hält zum Beispiel mehrere Hovawarts. Als ein damals vierjähriger Rüde neu in seine Gruppe kam, machte er sich anfangs Sorgen darüber, wie sein Altrüde auf den jüngeren reagieren würde. Er befürchtete Machtkämpfe um die Führungsposition, die aber völlig ausblieben. Irgendwann stellte er erstaunt fest, dass der Jüngere zur

Oft verändern sich Positionen innerhalb der Gruppe, wenn ein neuer Hund hinzukommt.

Tür lief, wenn es klingelte, während der Alte ganz entspannt liegen blieb. Er stand nur noch auf, wenn sich Fremde näherten und hatte den Job des Aufpassens offensichtlich gern an den Jüngeren abgegeben. In einem anderen Fall übernahm der neu hinzugekommene, ältere und deutlich souveränere Hund einer Freundin die Position des Aufpassers an der Tür, was der jüngere, schüchternere, der schon länger im Haushalt lebte, dankend annahm. Er verzog sich, wenn es (aus seiner Sicht) schwierig wurde und war froh, dass er nicht mehr zuständig war.

Anders sieht es aus, wenn es unter den Hunden zu Mobbingsituationen oder ernsthaften Beißereien mit (schweren) Verletzungen kommt. Dann sollten Sie das Zusammenleben beenden und für den zuletzt hinzugekommenen einen anderen Platz suchen, wo er in Frieden leben kann und wodurch auch Ihr bisheriger Hund wieder zur Ruhe kommt. Ich habe in den vergangenen 25 Jahren leider immer wieder mit Menschen zu tun gehabt, die den Rat zur Trennung der Hunde nicht beherzigt haben, weil sie glaubten, „das würde schon noch" oder man könne doch den neuen nicht „einfach weggeben". In beinahe allen Fällen haben die Hunde mit schlimmen Konsequenzen leben müssen. Einige wurden schwer verletzt, andere sogar innerhalb der Gruppe getötet. In mehreren Fällen war die Stimmung durch die ständige Anspannung unter den Hunden so aufgeheizt, dass sich ihre aufgestauten Aggressionen sogar gegen die Halter wandten. In einem Fall wurde eine junge Herdenschutzhündin zu zwei Rüden, einem Rottweiler und einem Schäferhundmischling, genommen, die sich schon vor der Anschaffung der Hündin nicht besonders gut verstanden hatten. Ich riet den Leuten dringend ab von dieser Konstellation, was sie jedoch nicht glauben wollten. Zuerst kam es nach mehreren Raufereien, die schon ein Alarmzeichen für die Halter hätten sein müssen, zu einer schweren Beißerei zwischen den beiden Rüden, die für beide beim Tierarzt endete.

Wenn die Passung unter den Hunden nicht stimmt, muss darüber nachgedacht werden, ein anderes Zuhause für den zuletzt Hinzugekommenen zu finden.

Nun wurde die Hündin zwar abgegeben, aber die Feindschaft zwischen den Rüden war nicht mehr zu stoppen, was anhand ihres Verhaltens auch offensichtlich war. Sie fixierten sich mit deutlichem Offensivdrohen, fletschten sich an, warteten geradezu auf eine Gelegenheit, wieder aufeinander loszugehen. Ich riet dazu, für einen der Rüden ein neues Zuhause zu suchen, was die Halter nicht wollten. Also gab ich ihnen den Rat, die Hunde dann zumindest innerhalb des Haushalts zu trennen und auch getrennt spazieren zu gehen. Den ersten Rat beherzigten sie, den zweiten leider nicht und so kam es schließlich zur Katastrophe. Die beiden Rüden verbissen sich während eines Spaziergangs und einer ging, als der Halter versuchte sie zu trennen, auf ihn los. Schwer verletzt schaffte er es, sich auf einen Baum zu retten und rief von dort aus per Handy seine Partnerin zu Hilfe. Als sie nach ca. 20 Minuten eintraf, bot sich ihr wirklich ein Bild des Grauens: Ihr Mann war noch immer auf dem Baum und blutete aus mehreren Wunden, die beiden Hunde lagen schwer verletzt darunter. Sobald sich einer von ihnen zu bewegen versuchte, fletschte der andere ihn an. Da die Situation für sie allein nicht zu lösen war, holte sie Freunde zu Hilfe. Als sie die Hunde mit vereinten Kräften in getrennte Autos brachten, wurde einer von ihnen auch noch gebissen. Der Mann, dem man vom Baum herunter helfen musste, um ihn zum Arzt zu bringen, lag drei Wochen im Krankenhaus, musste mehrfach operiert werden und konnte erst nach einem halben Jahr wieder zur Arbeit gehen. Er hatte fortan vor beiden Hunden Angst, was nur verständlich war, und sah sich nicht in der Lage, weiter mit ihnen zusammenzuleben. Was aus ihnen geworden ist, weiß ich nicht. Vielleicht wurden sie in ein Tierheim gebracht, vielleicht auch eingeschläfert.

N atürlich verlaufen nur selten gescheiterte Zusammenführungen so dramatisch, aber ein Einzelfall ist diese Geschichte leider auch nicht. Ich weiß von mehreren Fällen, bei denen es zu schweren Verletzungen zwischen den Hunden und/ oder gegenüber den Haltern kam, und von drei Tötungen innerhalb der Hundegruppe, weil die Tiere nicht getrennt wurden, als noch Zeit dazu gewesen wäre. Leider glauben noch immer viele Menschen, die Hunde würden das schon „irgendwie unter sich ausmachen", was im traurigsten Fall dieser unsinnigen Redewendung auch stimmt. Leider machen es die Hunde dann tatsächlich irgendwann unter sich aus – und in den meisten Fällen hätte man ihnen das ersparen können, wenn mit mehr Fachwissen und Verantwortung an das Thema Mehrhundehaltung herangegangen worden wäre.

Nur in ganz seltenen Fällen ist es eine gute Idee, wenn die Hunde auftretende Konflikte unter sich ausmachen.

Wenn es nicht (gleich) klappt...

Wenn Sie tatsächlich vor der Situation stehen, zwei (oder mehr) Hunde zu halten, die sich nicht miteinander vertragen und dabei trotzdem das Gefühl haben, keinen der Hunde abgeben zu wollen oder zu können, müssen Wege gefunden werden, das Leben aller beteiligten Menschen und Tiere trotzdem friedlich und entspannt ablaufen zu lassen. Eine räumliche Trennung innerhalb von Haus und Garten kann zum Beispiel eine Möglichkeit sein. Mit Hilfe von Absperrgittern und Zäunen können so Refugien für die eine und andere Partei geschaffen werden. Ich selbst habe über mehrere Jahre so gelebt, weil ich einen Hovawart-Rüden aufgenommen habe, der sich mit meinem alten Leitrüden nicht verstanden hat – und umgekehrt. Die beiden konnten sich wirklich nicht leiden, und da ich der Meinung war, dass es für beide wichtig war, bei mir und meiner Familie zu leben, war ich in der Verantwortung, das Zusammenleben reibungslos zu gestalten, was auch klappte. Bevor ich Ihnen beschreibe, wie, lassen Sie mich aber sagen, dass solche Lösungen nur

Eine räumliche Trennung der Hunde, die sich nicht miteinander vertragen, hilft, Konflikte zu vermeiden.

funktionieren, wenn alle Familienmitglieder hinter dieser Entscheidung stehen und mit hoher Verantwortung und Gewissenhaftigkeit agieren!

W ir hatten zu diesem Zeitpunkt sieben Hunde, von denen sich die beiden großen Rüden nicht verstanden, und gleichzeitig lebte eine Herden- schutzhündin bei uns, die zwar mit allen Hunden super auskam, aber unsere Katzen umgebracht hätte, wenn sie Gelegenheit dazu bekommen hätte. Die Lösung bestand darin, den Hovawart und die Maremma-Hündin auf einer anderen Etage wohnen zu lassen als den Rest der Hunde. Während die beiden also den Teil des Hauses bewohnten, in dem ich mich hauptsächlich tagsüber aufhielt, nämlich in den Seminar- und Büroräumen, wohnten der Altrüde und die anderen Hunde im privaten Wohnbereich. Beide Gruppen hatten einen großen Garten zur ständigen Verfügung, der durch Hundeklappen erreichbar, aber voneinander getrennt war. Schließlich ließ ich auch noch eine Außentreppe mit Zu- gang zur oberen Balkonetage bauen, die ich ebenfalls in zwei Bereiche aufteilte, so dass die Hunde aus der Büro- etage mit oben sein konnten, wenn ich über längere Zeiträume nicht nach unten ging. Das funktionierte wirk- lich gut, so gut, dass beide Rüden überhaupt kein Problem miteinander hatten, selbst wenn sie nur durch die Scheibe der Balkontür getrennt voneinander lagen.

Keinesfalls sollten Hunde, die sich nicht mögen, gezwungen werden, miteinander zu leben!

Eines Tages passierte etwas wirklich Besonderes. Norma- lerweise achtete jeder im Haus strikt und gewissenhaft darauf, dass die Türen, die die Etagen miteinander verbin- den, verschlossen waren und insbesondere, dass die glä- serne Balkontür immer zu war. An diesem Tag kam ich über das Treppenhaus, das auf der anderen Hausseite liegt, nach oben und sah mit Schrecken, dass die Balkontür weit offen stand. Auf der einen Seite lag der Altrüde, auf der an- deren der Hovawart; beide nur durch die Führungsschiene der (weit offenen) Balkontür voneinander „getrennt" – und völlig entspannt. Ich brauchte einen Moment, um die Situation vollständig zu begreifen... beide Rüden akzeptierten offensichtlich ihren Raum und machten ihn dem jeweils anderen nicht streitig. Ich bin fest davon überzeugt, dass diese Übereinkunft zwischen den Rüden nur deshalb möglich war, weil wir sie nie dazu gezwungen hatten, miteinander auszukommen. Als der Hovawart einzog und der Altrüde signalisierte, dass er mit dem Neuzugang nicht kann, haben wir sofort die Konsequenz gezogen und die räumliche Trennung eingeleitet. Alle anderen Hunde bewegten sich übrigens frei durch das ganze Haus, denn sie hatten weder mit dem einen noch mit dem anderen Rüden ein Problem.

Das Zusammenleben von Hund und Katze unterliegt eigenen Spielregeln.

Jahre später, nachdem mein geliebter Altrüde bereits verstorben war, zogen nicht nur der Hovawart, sondern auch die Maremma-Hündin mit nach oben. Ich kann nicht erklären warum, aber nach vier Jahren bei uns vertrug sie sich mit den Katzen. Ich hätte es nie gewagt, sie mit ihnen zusammenzuführen, aber an einem Tag, den ich als ebenso denkwürdig in Erinnerung habe wie jenen mit der offenen Balkontür, sprang einer unserer Kater über die

Balkonabtrennung und ging seelenruhig an der Maremma-Hündin vorbei, die ebenso seelenruhig in ihrem Korb liegen blieb. Mir stockte der Atem! Aber auch in diesem Moment begriff ich, dass hier etwas Besonderes passierte. Ich kannte diesen Kater gut, er war viel zu schlau, als dass er an ihr vorbeigegangen wäre, wenn auch nur die geringste Gefahr von ihr ausgegangen wäre. Jahrelang hatte er es vermieden, auch nur die Etage zu betreten, auf der sie sich gerade befand, geschweige denn wäre er ohne Absperrung in ihre Nähe gegangen. Also

Manchmal lehren uns die Tiere selbst, wann es Zeit für ein friedliches Miteinander ist.

vertraute ich auf das, was er da tat, obwohl ich zugeben muss, dass mir die ersten Male, wenn er – oder später die anderen Katzen – der Hündin so nahe kam, immer für einen Moment das Herz in die Hose rutschte. Erst nach einigen Wochen empfand ich die Situation als wirklich sicher. Die Hündin verstand sich die restlichen Jahre, die sie bei uns lebte, hervorragend mit den Katzen, lag teilweise sogar in einem Korb mit ihnen. Unglaublich...

Es gibt natürlich auch viele Fälle, in denen die Hunde dauerhaft getrennt werden müssen, weil ein friedliches Zusammenleben auch nach Wochen, Monaten oder Jahren nicht möglich ist. Kunden von mir hielten zwei Boxer-Hündinnen, die sich spinnefeind waren, über einen Zeitraum von sechs Jahren getrennt innerhalb des Hauses und Gartens. Zwei Mal passierte es in dieser Zeit, dass jemand Absperrtüren versehentlich offen ließ oder nicht sicher verriegelte – beide Male endete das mit dem Besuch beim Tierarzt, weil sich die Hündinnen sofort ineinander verbissen, wenn sie Gelegenheit dazu bekamen. Nach sechs Jahren verstarb die ältere Hündin und die jüngere lebte fortan allein bei den Leuten.

Eine Freundin von mir hält sieben Hunde, von denen sich einige untereinander gut, andere halbwegs und wieder andere überhaupt nicht miteinander verstehen. Sie hält sie in drei getrennten Gruppen, geht auch jede Gassirunde drei Mal, damit alle genug rauskommen und hat den Garten in zwei Bereiche abgezäunt, die abwechselnd benutzt werden. Mir wäre das alles zu anstrengend und sicher kann man sich fragen, warum sich jemand so was antut... Es ist anstrengend, ständig daran denken zu müssen, welcher Hund mit welchem kann, wer wann wo ist, damit kein Fehler bei der Umsetzung erfolgt, der unweigerlich zu einer Beißerei führen würde, die mit Verletzungen endet. Aber sie hat ihre Gründe und in gewisser Weise bewundere ich sie dafür, dass sie diese Arbeit und Verantwortung nicht scheut, denn alle Hunde saßen absolut chancenlos in diversen Tierheimen und galten als unvermittelbar, bissig, nicht zu handeln. Zwei hatten sogar seit Jahren (!) keinen menschlichen Kontakt, weil sich die Pfleger vor ihnen fürchteten. Mit ihr kuscheln sie und haben Vertrauen aufgebaut. Wäre sie nicht gekommen, säßen diese armen Hunde noch immer ohne jede Perspektive in ihren kargen Betonzwingern – oder wären inzwischen vielleicht schon dort verstorben. Obgleich alle Hunde gewisse Abstriche machen müssen, wie viel Zeit ihnen mit ihrem Frauchen zur Verfügung steht und wann sie in den Garten können oder eben nicht, haben sich ihre Lebensumstände erheblich verbessert und alle haben große Fortschritte im Sozialverhalten gemacht.

Werden mehrere Hunde in getrennten Gruppen in einem Haushalt gehalten, erfordert dies ein hohes Maß an Umsicht und Verantwortung.

E s ist also eine Frage der eigenen Einstellung und der der anderen Familienmitglieder, der räumlichen und finanziellen Möglichkeiten und letztendlich der Vermittlungschancen jedes einzelnen Hundes, ob eine Mehrhundehaltung in dieser Form sinnvoll ist oder nicht. In jedem Fall sollte sorgfältig abgewogen und verantwortungsvoll entschieden werden – für jeden einzelnen Hund und alle Menschen, die zur Familie gehören.

Mehrhundehaltung mit wechselnden Mitgliedern

Manche Halter möchten einem Hund aus dem Tierschutz eine Chance geben, indem sie ihr Zuhause als Pflegestelle anbieten. Er findet bei ihnen Unterschlupf, bis er in ein endgültiges Zuhause vermittelt werden kann, was manchmal Tage, manchmal aber auch Wochen oder Monate dauern kann. Dieser gut gemeinte Ansatz birgt allerdings eine Tücke: Der Hund weiß nicht, dass er nur für begrenzte Zeit hier wohnen soll und die anderen Hunde des Haushaltes wissen es auch nicht!

Es gibt also zwei Möglichkeiten, was passiert. Eine Möglichkeit besteht darin, dass die Hunde sich eh nicht besonders gut verstehen und die angestammten deshalb heilfroh sind, wenn der Neue endlich weg, weil vermittelt ist. Das bedeutet aber im Umkehrschluss, dass das bisherige Zusammenleben dieser Hunde nicht sehr harmonisch bis anstrengend war.

Die andere Möglichkeit besteht darin, dass die Hunde anfangen, sich in Beziehung zueinander zu setzen, manchmal entstehen richtig dicke Freundschaften oder sogar tiefe Herzensverbindungen. Außerdem baut der Pflegehund

– hoffentlich – eine vertrauensvolle Bindung zum Halter auf. Und eines Tages kommt dann jemand, der ihn freudestrahlend adoptiert – und ihn damit aus seiner Familie reißt! Wie soll man diesem Hund erklären, dass er hier nur zu Besuch war?! Wie soll man es den anderen Hunden erklären?! Und während die Hunde vielleicht noch mit dem Trauerprozess um den verlorenen Freund und Gefährten beschäftigt sind, zieht schon der nächste ein.

Eine Mehrhundehaltung mit ständig wechselnden Mitgliedern bringt viele Probleme mit sich.

Ich arbeite seit mehr als 30 Jahren aktiv im Tierschutz und möchte ganz sicher, dass möglichst vielen heimatlosen, geschundenen Kreaturen auf dieser Welt geholfen wird, aber ich habe erhebliche Zweifel, ob das der richtige Weg ist. Mein Lieblingskürzel in diesem Zusammenhang ist übrigens PSV. Eine Kundin von mir rief mich an und sagte, sie brauche dringend Trainingsstunden, weil sie eine PSV sei

und nun drei Hunde habe statt zwei. Auf meine erstaunte Frage, was eine PSV sei, antwortete sie mir lächelnd: Eine PSV ist eine Pflegestellenversagerin. Mit anderen Worten: Die Pflegestelle ist nicht mehr verfügbar, denn der Hund bleibt – für immer. ☺

Wie Sie sich anhand der vorangegangen Argumentation denken können, bin ich auch kein Befürworter von Hundepensionen/ Hundetagesstätten, wenn die zu betreuenden Hunde bei den eigenen wohnen. Ich habe viele solcher Modelle kennengelernt und kein wirklich gutes darunter gefunden. Alle Hunde von Menschen, die gegen Bezahlung fremde Hunde bei sich aufnehmen, leiden unter der Situation des ständigen Kommens und Gehens in ihrem persönlichsten Wohnbereich. Einige fangen an, nervös oder aggressiv zu werden, andere fressen schlecht, ziehen sich zurück, leiden still vor sich hin. Der schlimmste Fall betraf eine junge Frau, die in einer 2 ½ -Zimmer-Wohnung am Stadtrand von Stuttgart drei eigene Hunde hielt und bis zu fünf weitere in Pflege nahm. Die Pflegehunde blieben teilweise auch über Nacht, andere wurden abends von ihren Haltern abgeholt und morgens wieder gebracht. Manche kamen regelmäßig, andere nur sporadisch oder überhaupt nur ein Mal.

Ein ständiges Kommen und Gehen unterschiedlicher, immer neuer Hunde ist für die eigenen belastend und sollte daher vermieden werden.

In nicht ganz so beengten Fällen ist es so, dass die eigenen Hunde zum Beispiel die obere Etage des eigenen Hauses bewohnen, während die Gasthunde unten leben oder umgekehrt. Alle Menschen, die solche Betreuungsmodelle zu Hause anbieten, räumten aber ein, dass ihre eigenen Hunde dabei draufzahlen. Nur wenige haben die Situation aber deshalb verändert. Die meisten waren leider der Meinung, da müssten die eigenen eben durch. ☹

Kastration & Sterilisation – sinnvoll im Mehrhundehaushalt oder nicht?

Kaum ein anderes Thema wurde in den letzten Jahren so kontrovers und teilweise auch hitzig diskutiert wie das der Kastration/ Sterilisation von Hunden. Bevor wir uns die Argumente des Für und Wider genauer ansehen, sollten erst einmal die Begrifflichkeiten geklärt werden, da diese oft falsch verwendet werden. Noch immer glauben viele Hundehalter, die Kastration bezeichne den Eingriff beim Rüden, während die Sterilisation den bei der Hündin benennt – und das stimmt nicht.

Die Kastration bezeichnet vom Geschlecht unabhängig das Entfernen der Keimdrüsen, also der Hoden oder Eierstöcke. Oftmals wird bei der Hündin auch die Gebärmutter entfernt, manchmal aber auch nicht. Der Geschlechtstrieb erlischt vollständig, die Hündin wird nicht mehr läufig und hat auch keinerlei Interesse mehr an einer Verpaarung. Bei Rüden sieht es etwas anders aus: Ein erfahrener Deckrüde wird sich auch nach einer Kastration weiterhin paaren wollen, allerdings ohne dabei Nachwuchs zeugen zu können. Rüden, die ohne vorherige

Erfahrung im Paarungsverhalten kastriert wurden, haben in der Regel auch kein sexuelles Interesse an Hündinnen nach der Operation.

Anders verhält es sich bei der Sterilisation, die das Unterbinden oder Durchtrennen der keimleitenden Wege, also Eileiter oder Samenleiter, bezeichnet. Der Geschlechtstrieb der Tiere erlischt nicht, die Hündin wird weiterhin läufig und kann und will sich paaren, der Rüde kann und will weiterhin decken – nur eben ohne die Möglichkeit, Nachwuchs zu zeugen. Da die Sterilisation kaum durchgeführt wird, möchte ich hier nicht näher auf sie eingehen. Wenn Sie sich darüber näher informieren möchten, finden Sie bei der Liste der weiterführenden Literatur am Ende des Buches einen Hinweis auf ein entsprechendes Fachbuch.

Die Haltung mehrerer unkastrierter Hunde unterschiedlichen Geschlechts löst einen hohen Stresslevel bei allen Beteiligten – Mensch wie Hund – aus.

Wenn Sie mehrere Hunde halten, die unterschiedlichen Geschlechts sind, müssen Sie sich natürlich Gedanken über die Empfängnisverhütung machen. Es gibt Experten, die von einer Kastration abraten und behaupten, die Haltung von Rüde und Hündin sei auch mit unkastrierten Tieren kein Problem. Mit mehr als 40-jähriger Erfahrung in der Mehrhundehaltung und mehr als 20 Jahren Berufserfahrung als Trainerin würde ich dem energisch widersprechen und natürlich möchte ich Sie argumentativ überzeugen, warum dem so ist. Spielen wir also mal ein paar Möglichkeiten gedanklich durch:

Sie haben einen Rüden und eine Hündin, beide unkastriert. Die Hündin wird läufig; sobald sie in die Stehzeit kommt, will sie sich paaren und wird den Rüden dazu auch ermuntern. Von Gegnern der Kastration werden Ihnen nun folgende Vorschläge unterbreitet: Sie sollen den Rüden für die sogenannten „kritischen Tage" zu Freunden, Bekannten oder in eine Pension geben, damit es nicht zu ungewolltem Nachwuchs kommt. Das würde ich mit mei-

Die Hündin während der Läufigkeit auszuquartieren ist ebenso unsinnig, wie den Rüden anderweitig unterzubringen.

nem Rüden nicht machen. Der versteht doch die Welt nicht mehr! Er muss sein Zuhause verlassen, hat den Stress der Trennung von seinen Haltern und seiner Gefährtin und weiß nicht, warum... Also die Hündin ausquartieren? Keine gute Idee, denn sie versteht ebenso wenig wie der Rüde, warum sie weg muss und befindet sich zudem in einer sehr sensiblen Phase.

Andere empfehlen, um das Ausquartieren zu vermeiden, die Hunde einfach in getrennten Räumen zu halten. Na dann, viel Spaß! Dieser Tipp kann wirklich nur von Leuten kommen, die entweder keine Ahnung von Mehrhundehaltung haben und/ oder denen das Herz nicht am rechten Fleck sitzt. Zunächst gälte es ja, die stundenlangen, herzzerreißenden Heul- und Jaulorgien und Fiepereien beider Hunde auszuhalten, was am Nervenkostüm selbst des begeistertsten Hundefans zerrt. Hinzu käme noch, dass mir die Hunde einfach leid täten. Verzeihen Sie mir die offenen Worte, aber wenn ich mit einem Partner zusammenlebe, den ich wirklich gern habe und der mir signalisiert, wie gern er jetzt mit mir zusammen wäre... dann möchte ich nicht über Tage (!) in ein anderes Zimmer des Hauses gesperrt werden, damit wir im

Augenblick höchster Lust aufeinander nicht zusammen-kommen können.

Tatsächlich empfehlen einige Autoren auch noch, die Hunde zwar zusammenzulassen, aber ihnen den Deckakt zu verbieten. Völlig realitätsfremd! Mal abgesehen von der seelischen Grausamkeit, die im vorherigen Absatz anschaulich beschrieben wurde, halte ich das für nicht durchführbar. Irgendwann muss auch der wachsamste Hundehalter mal auf die Toilette, unter die Dusche oder einfach zum Schlafen... und dann werden die Hunde ihre Chance nutzen. Definitiv! ☺ Argumentiert wird von Befürwortern dieser Variante, dass es ganz natürlich sei, dass sich in einem Wolfsrudel nur der ranghöchste Rüde paaren dürfe und die anderen deshalb auch nicht leiden würden. Also, abgesehen davon, dass dies schon in der Sache nicht richtig ist, da zig Beobachtungen an frei leben-den Wölfen belegen, dass sich auch rang-niedere Rüden mit dem Weibchen paaren, sind Hunde eben keine Wölfe! Das Sexual-verhalten von Hunden hat sich gegenüber dem von Wölfen im Zuge der Domestikation verändert. Während weibliche Wölfe nur ein Mal im Jahr in die so-genannte Ranzzeit kommen, werden Hündinnen zwei Mal jährlich läufig. Und während die Wolfsrüden nur zur Ranz-zeit der Weibchen zeugungsfähig sind, kann und will sich ein Hunderüde das ganze Jahr über paaren, wenn er auf läufige Hündinnen stößt. Hieraus wird klar, dass Hunde weit häufiger mit dem Problem des „Nicht-Dürfens" kon-frontiert sind, als Wölfe es jemals wären – und somit ist diese Argumentationslinie unsinnig.

Die Vergleiche des Sexualverhaltens von Hunden und Wölfen hinken gewaltig, da sich im Laufe der Domestikation viele Verhaltensweisen verändert haben und Hunde eben nicht leben wie Wölfe!

Es kommen aber noch weitere wichtige Aspekte hinzu. Multiplizieren Sie die oben beschriebene Situation mal mit mehreren Rüden und Hündinnen. Wir halten zum Beispiel vier Rüden und drei Hündinnen in unserem Haushalt. Nun malen Sie sich mal aus, was hier los wäre, wenn die Hündinnen entweder zu unterschiedlichen Zeitpunkten oder synchronisiert läufig würden und dabei vier unkastrierte, paarungsbereite Rüden um sie herum schwänzeln. Abgesehen von internen Auseinandersetzungen, wer wann mit wem darf, würde die ganze Gruppe auch nach außen ganz anders auftreten. Was glauben Sie, wie meine vier Rüden bei einem Spaziergang reagieren würden, wenn sich ein anderer, selbstverständlich ebenfalls interessierter und unter Strom stehender Rüde ihren läufigen Weibchen nähern würde?! Und dieser ganze Zirkus mindestens zwei Mal jährlich, allerdings nur, wenn sich die Hündinnen in der Läufigkeit synchronisiert haben. Haben sie das nicht, sind Sie viele Wochen im Jahr mit einer Gruppe beschäftigt, in der eines der weiblichen Tiere läufig ist. Glauben Sie mir, das macht keinen Spaß!

Diese beiden kastrierten Rüden verstehen sich hervorragend, wie man an ihrem Mimikspiel gut erkennen kann.

Hier noch ein paar reale Beispiele aus der Praxis, die veranschaulichen, warum ich das Halten mehrerer Hunde unterschiedlichen Geschlechts, die alle unkastriert sind, für nicht sinnvoll halte: Kunden von mir hatten einen Rüden und eine Hündin. Der Rüde war kastriert, die Hündin auch, dann kam eine unkastrierte junge

Hündin dazu. Ich riet den Leuten dringend zur Kastration vor der ersten Läufigkeit, da die Situation zwischen der Althündin und der jungen nicht wirklich entspannt war und ich befürchtete, dass sie mit Eintritt der Geschlechtsreife der jüngeren eskalierte. Da meine Kunden gerade in einer Zeitschrift gelesen hatten, dass die Kastration von Hündinnen etwas ganz „Unnatürliches" sei, ließen sie den Eingriff nicht vornehmen. Mit Einsetzen der Läufigkeit zeigte sich die junge Hündin gegenüber der alten deutlich gereizter, es kam vermehrt zu Drohgebärden und herausfordernden Distanzunterschreitungen, die sich die Althündin irgendwann nicht mehr gefallen ließ und so kam es, wie es offensichtlich kommen musste – die beiden Hündinnen verbissen sich derart ineinander, dass sie mit Gewalt getrennt werden mussten. Die ältere trug Verletzungen davon, die beim Tierarzt behandelt werden mussten. Schlimmer war aber noch, dass die beiden nicht mehr zusammenzubringen waren. Wann immer sie sich sahen, wären sie bereit gewesen, den schwelenden Konflikt zwischen ihnen wieder offen auszutragen. Die junge Hündin wurde schließlich abgegeben, weil die Situation unerträglich wurde. Etwa ein Jahr später hatte ich Kunden mit der exakt gleichen Konstellation, die die junge Herdenschutzhündin, die sie aufgenommen hatten, vor der ersten Läufigkeit kastrieren ließen. Alle Hunde leben bis heute friedlich zusammen, es kam nie zu ernsthaften Auseinandersetzungen.

Die Konflikte unter unkastrierten Hündinnen können derart eskalieren, dass sie nicht mehr zusammenzubringen sind.

In einem anderen Fall krieglen sich zwei Rüden in Konkurrenz um eine in die Familie aufgenommene, unkastrierte Hündin in deren Stehzeit derartig in die Wolle, dass sie sich gegenseitig schwer verletzten. Auch diese beiden konnten nach dem Zwischenfall nicht mehr zusammengeführt werden und lebten fortan im gleichen Haushalt auf verschiedenen Etagen, strikt voneinander getrennt, auch auf Spaziergängen.

Ich könnte Seiten mit Berichten von Züchtern füllen, die mich um Rat fragen, wie sie die Keilereien zwischen ihren Zuchthündinnen in den Griff kriegen können, wenn diese in die Läufigkeit kommen, oder wohin welche Hunde weggesperrt oder ausquartiert werden, nur um Beißereien bzw. ungewollte Trächtigkeiten zu verhindern. Und ich frage: Wozu das alles? Das häufigste Argument gegen die Kastration ist der „Eingriff in die Natur". Meine Antwort: Der Mensch hat schon durch die Domestikation in die Natur eingegriffen.

Schon die Domestikation war ein Eingriff in die Natur.

Wenn ich der Natur freien Lauf lassen will, dann bitte richtig! Es liegt nämlich definitiv nicht in der Natur der Sache, dass sich paarungsbereite Individuen nicht paaren. Logisch, oder?! Wer also eine ganz natürliche Hundehaltung anstrebt, der sollte seinen Hunden die Möglichkeit der freien Partnerwahl und des Deckaktes ebenso bieten wie den Beutezug. Der ist nämlich auch ganz natürlich – und wird auch von den Gegnern der Kastration völlig selbstverständlich unterbunden, denn wer will schon einen jagenden Hund, der sich mal eben das Mittagessen beim Meerschweinchengehege des Nachbarn organisiert?! Obwohl das ja ganz natürlich wäre...

Auch die in den letzten Jahren in Mode gekommene Setzung eines sogenannten Kastrationschips beim Rüden ist nicht ganz so unproblematisch, wie von vielen Tierärzten behauptet. Es handelt sich dabei um einen Suprelorin-Chip, der wie ein Implantat mit einer etwas dickeren Kanüle unter die Haut gesetzt wird. Der Chip enthält den Wirkstoff Deslorelin, der über mehrere Monate kontinuierlich in niedriger Dosis in den Körper abgegeben wird. Deslorelin blockiert bestimmte Rezeptoren an der Hypophyse, die nur auf pulsatile Ausschüttung reagieren. Der Körper erhält so das Signal, dass ausreichend viele Geschlechtshormone vorhanden sind, weshalb die Hypophyse keine Botenhormone mehr ins Blut abgibt, was wiederum dazu führt, dass auch die Hoden die Produktion von Geschlechtshormonen einstellen. Ohne diese

Hormone werden keine Spermien mehr gebildet, die Hoden werden sozusagen „abgeschaltet" und der Rüde ist vorübergehend zeugungsunfähig. Auch der Geschlechtstrieb wird weitgehend ausgeschaltet, ein gechipter Rüde benimmt sich in mancher Hinsicht wie ein kastrierter. ABER... wie stark sich das Einsetzen des Chips im Einzelfall auswirkt, lässt sich leider niemals exakt vorhersagen. Viele Rüden werden entspannter im Umgang und zeigen weniger ausgeprägtes rüdentypisches Verhalten – aber eben nicht alle. Der Hersteller weist ausdrücklich darauf hin, und manche Hundehalter bestätigen dies auch, dass sich das typische Rüdenverhalten zunächst noch für zwei bis drei Wochen verstärken kann – worauf der Halter entsprechend mit Managementmaßnahmen vorbereitet sein sollte. Gleiches gilt für Probleme mit dem Aggressionsverhalten. Auch hier weist der Hersteller – aber leider nur die wenigsten Tierärzte! – darauf hin, dass sich dieses Verhalten rapide verschärfen kann. Es kann zu einer regelrechten Eskalierung der Situation kommen, die unkontrollierbare

Vom Setzen des sogenannten Kastrationschip beim Rüden ist dringend abzuraten!

Zustände erzeugt. Manchmal hält diese Phase Wochen und Monate an und andererseits kann es auch Monate bis Jahre dauern, bis der Rüde nach der Wirkung wieder ein normaler unkastrierter Hund wird. Über die Wirkdauer bei Hunden mit einem Gewicht von mehr als 40 kg liegen keine Untersuchungen vor und es wurde auch nicht untersucht, ob die Hunde anschließend tatsächlich wieder zeugungsfähig waren, so dass allgemein vom Einsatz des Chips bei Zuchtrüden abgeraten wird! Zusammengefasst bleiben also ganz schön viele Eventualitäten und Risiken.

Grundsätzlich ist bei jedem Hund, solitär oder mit mehreren gehalten, genau abzuwägen, ob eine Kastration sinnvoll ist oder nicht. Jeder einzelne Hund hat das Recht und sein Halter zumindest die moralische Pflicht, sich genau zu informieren und nach bestem Wissen und Gewissen zu entscheiden. Deshalb kann ich Ihnen auch keinen pauschalen Rat geben, wie Sie mit Ihrer Hundegruppe vorgehen sollten.

Für mich hat sich seit Jahrzehnten die Regel bewährt, alle weiblichen Tiere zu kastrieren, sofern keine gesundheitlichen Probleme gegen die Operation sprechen, und die Rüden dann, wenn es aufgrund ihres Verhaltens oder medizinischer Indikationen sinnvoll erscheint. Von meinen derzeitigen Hunden sind die drei Weibchen kastriert und drei der Rüden, wobei ich einen von ihnen bereits kastriert übernommen habe, den ich sicher nicht hätte operieren lassen. Der vierte Rüde ist unkastriert und wird es aller Voraussicht nach auch bleiben. Natürlich habe ich auch gute Gründe dafür, die weiblichen Tiere grundsätzlich zu kastrieren. Wenn Sie mehr darüber wissen möchten, finden Sie am Ende dieses Buches unter der weiterführenden Literatur einen entsprechenden Lesetipp.

Grundsätzlich sollte bei jedem Hund genau überlegt werden, ob eine Kastration sinnvoll ist oder nicht.

Die Ausbildung und Erziehung von mehreren Hunden

In diesem Bereich müssen Sie wirklich mehr Zeit und Aufwand in Kauf nehmen, als wenn Sie nur einen Hund halten. Es mag noch relativ egal sein, ob Sie für ein, zwei oder drei Hunde das Futter anrühren oder mit einem oder mehreren zum jährlichen Impftermin fahren, aber eine solide Ausbildung und Erziehung mehrerer Hunde macht definitiv mehr Arbeit als die von einem, denn Gruppendynamik und Stimmungsübertragung können schnell dafür sorgen, dass Situationen, die mit einem Hund völlig unproblematisch wären, mit mehreren eskalieren. Da dieses Buch kein grundsätzliches Werk über die Grundregeln und den Aufbau einzelner Übungen sein soll, möchte ich hier hauptsächlich auf die Situationen eingehen, die Ihnen als Mehrhundehalter am häufigsten begegnen. Wenn Ihnen die Erfahrung fehlt, die empfohlenen Übungen mit Ihren Hunden aufzubauen, wenden Sie sich an eine gute Hundeschule, die Ihnen dabei hilft. Aber schon bei der Auswahl eines Trainers (oder einer Trainerin, der Einfachheit halber benutze ich im folgenden Text die männliche Form, ohne geschlechtsspezifisch Präferenzen setzen zu wollen) sollten Sie auf folgende Punkte achten:

Moderne Erziehungsmethoden setzen auf Kooperation und Motivation und lehnen Drill und Starkzwang ab.

✔ Überzeugen Sie sich vor dem ersten Training von der grundsätzlichen Fachkompetenz des Trainers. Fragen Sie nach, wo er seine Ausbildung absolviert hat, mit welchen Methoden er arbeitet bzw. welche er ablehnt, über wie viele Jahre Berufserfahrung er verfügt und welche Qualifikation er auch wirklich schriftlich in Form von Teilnahmebescheinigungen oder Zertifikaten nachweisen kann. Schwammige Versicherungen wie: „Ich kenne mich schon aus...", oder „Ich weiß Bescheid, machen Sie mal, wie ich es sage", reichen nicht aus! Sie können sich hierzu auch seine Homepage ansehen. Ein Trainer mit Fachqualifikation wird diese gern nachweisen, denn sie ist sein Aushängeschild! ☺

✔ Sie sollten sich in jedem Fall von einem Trainer distanzieren, der über Druck und Starkzwang arbeitet, Ihnen veraltete Dominanztheorien als angebliches Fachwissen verkaufen will (mehr dazu noch weiter unten in diesem Kapitel) und/ oder nicht wirklich logisch und sinnvoll argumentiert.

Fragen Sie nach, ob er Erfahrung mit der Mehrhundehaltung hat. Wie viele Hunde hält er selbst, hat er schon mit Kunden gearbeitet, die (eventuell deutlich) mehr als einen Hund halten? Fragen Sie auch nach, ob Sie mit mehreren Hunden gleichzeitig kommen können. Viele Trainer behaupten nämlich nach wie vor, dass selbst einfache Grundkommandos oder Regeln auf Spaziergängen nur mit jedem Hund einzeln aufgebaut werden können und dies stimmt nur, wenn es sich um spezielle Problemfälle handelt. Wenn Sie zum Beispiel zwei, drei oder vier Hunde haben, sollte der Trainer auch in der Lage sein, Ihnen zu erklären, wie man mit zwei, drei oder vier Hunden spazieren geht und sich in Alltagssituationen verhält. Denn Sie haben sich ja nicht mehrere Hunde angeschafft, um mit jedem einzeln zu gehen. Anders sieht es wie gesagt aus, wenn einer Ihrer Hunde wirklich problematische Verhaltensweisen wie unerwünschtes Jagdverhalten, Aggression gegen Menschen oder Artgenossen, starke Ängste usw. zeigt. Dann ist es völlig legitim, erst einmal im Einzeltraining zu beginnen, um gezielt an der Aufgabenstellung dieses individuellen Hundes zu arbeiten.

Fragen Sie nach, ob Ihr Trainer Erfahrung mit der Mehrhundehaltung hat.

Achten Sie auf Ihr „Bauchgefühl". Ist Ihnen der Trainer sympathisch? Haben Sie das Gefühl, dass er freundlich mit Ihnen und Ihrem Hund umgeht und es ihm wirklich ein Anliegen ist, aus Ihnen beiden ein echtes Team zu machen? Außerdem sollte er zumindest über ein Minimum an rhetorischem Geschick und gepflegten Umgangsformen verfügen, denn all das ist unerlässlich, wenn er Ihnen und Ihrem Hund fundiertes Fachwissen vermitteln soll. Übungen müssen im Aufbau genau erklärt, Ihre Fragen müssen beantwortet werden – und bei all dem sollten Sie und Ihr Hund Spaß haben. ☺

Ständige Fortbildung und das regelmäßige Überprüfen der eigenen Ausbildungsmethoden sollten eine Selbstverständlichkeit sein.

Und last not least achten Sie auf Ihren Hund! Er sollte nicht nur gern, sondern möglichst mit Begeisterung in „seine" Schule gehen. Eine Hundeschule, die der Hund auch nach einigen Trainingsstunden nur unsicher und/ oder widerstrebend besucht oder einen Trainer, vor dem Ihr Hund sich eher fürchtet, sollten Sie verlassen. Die Hunde selbst sind oft das sicherste und auch verräterischste Barometer für die Qualifikation eines Trainers bzw. die Qualität der Schule!

Grundsätzliches zur Ausbildung und Erziehung mehrerer Hunde

Achten Sie darauf, jedes Kommando sowohl mit jedem einzelnen Hund als auch mit der ganzen Gruppe einzuüben. Der Abruf, zum Beispiel, sollte sowohl funktionieren, wenn Sie nur einen ganz bestimmten Hund zu sich rufen möchten, um ihn aus einer Situation herauszunehmen, als auch mit allen gleichzeitig, wenn Sie alle bei sich und unter Kontrolle haben wollen. Wenn ich

Die Ausbildung mehrerer Hunde erfordert mehr Zeit und Engagement vom Halter.

mit allen meinen Hunden spazieren gehe, treffen wir oft auf andere Hunde – mit denen sich einige meiner Hunde gut verstehen, andere vielleicht nicht so gut oder auch gar nicht. Also möchte ich, je nach Situation, zum Beispiel Winnetou, Elsa und Shorty bei mir behalten, während die anderen „Hallo" sagen dürfen.

✔ Wenn Sie einzelne Hunde ansprechen, setzen Sie deren Namen voran, also zum Beispiel: „Elsa, geh auf die Seite.", oder „Benno, komm her zum Anleinen." Dies ist insbesondere dann wichtig, wenn Sie einen Ihrer Hunde ermahnen oder wirklich vehement in einer unerwünschten Handlung ausbremsen, damit die anderen nicht auch vor Schreck zusammenfahren, wenn Sie mit strengerer Stimme lospoltern. Sehr sensible Hunde werden dies übrigens trotzdem tun; in diesem Fall kann es helfen, sich demjenigen, der nicht gemeint war, freundlich zuzuwenden und mit sanfter Stimme ein paar Worte an ihn zu richten. In der Regel verstehen die Hunde schon nach kurzer Zeit, wer namentlich gemeint ist.

✔ Wenn Sie einen Hund gerufen oder ihm ein Kommando gegeben haben und ein anderer es ebenfalls ausführt, belohnen Sie diesen unbedingt auch! Sie enttäuschen sonst die positive Erwartungshaltung eines

❗ Wichtig!

Wenn Sie mehrere Hunde rufen und es kommen nur ein oder zwei, die anderen aber nicht, kümmern Sie sich unbedingt zuerst um die, die da sind! In der Regel machen die Halter das nicht, sondern lassen die, die schon gekommen sind, einfach stehen und versuchen, die anderen über mehr Motivation in der Stimme („Suuuuupiiiii, schnell komm her!"), tolle Versprechungen („Es gibt auch Wursti, wenn Du kommst!") oder auch wüste Beschimpfungen („Kommst Du jetzt sofort hierher, sonst...") doch noch zum Herankommen zu bewegen. Das Fatale daran ist, dass die Hunde, die brav gekommen sind, keine Aufmerksamkeit bekommen und sich dadurch bald auch wieder abwenden werden. Loben Sie also zuerst die, die bei Ihnen sind, geben Sie Ihnen eine extra tolle Belohnung (Würstchen, Käse, selbstgebackene Leberkekse) und halten Sie so deren Motivation aufrecht. Im besten Fall kommen die anderen nach, weil sie mitbekommen, was es bei Ihnen für leckere Sachen gibt. Aber selbst wenn dem nicht so ist, können Sie sich dann immer noch darum kümmern, dass auch sie die Übung zu Ende bringen.

gehorsamen Hundes. ☹ Sie können es sich vorstellen wie bei Kindern: Wenn Sie ein Kind fragen, ob es Ihnen beim Geschirrspülen hilft und ein weiteres stimmt begeistert mit ein und will auch helfen, würden Sie es sicher nicht mit den Worten wegschicken: „Nein, Dich habe ich nicht gefragt." Das wäre pädagogisch betrachtet geradezu blöd, denn erwünschtes Verhalten kann gar nicht oft genug positiv verstärkt werden. ☺

Vergessen Sie bei aller Gemeinsamkeit der Gruppe nicht den Einzelnen! Hat einer zum Beispiel besonders viel Spaß an einer Leckerchensuche und geht ein anderer besonders gern ins Wasser? Dann ermöglichen Sie ihnen das, auch wenn die anderen dazu keine Lust haben. Von meinen sieben gehen drei leidenschaftlich gern und bei beinahe jedem Wetter ins Wasser, während die anderen höchstens an ganz heißen Sommertagen baden möchten. Zwei meiner Hunde tragen leidenschaftlich gern Sachen herum, die anderen haben daran kein Interesse. Wenn ich also vom Einkaufen nach Hause komme, dürfen die beiden, die das so gern machen, irgendeinen Gegen-

Achten Sie auf individuelle Bedürfnisse und rassespezifische Eigenheiten jedes Gruppenmitgliedes.

stand nach oben tragen, während die anderen einfach nur so mitgehen und sich auch ohne Apportierarbeit darüber freuen, dass ich wieder da bin.

Jule braucht bei Kälte ihr Mäntelchen, um sich draußen wohl zu fühlen, bei Shorty muss man im Winter die Pfoten eincremen, weil sie sonst wund werden, Elsa und Rosina haben Angst vor Schüssen oder Gewitter, während Gandhi, Winnetou und Yukon Wetter und Umwelteinflüsse weitgehend egal sind – Hauptsache draußen und Abenteuer erleben. Von solchen Beispielen ließen sich unzählig viele finden. Letztendlich geht es darum, die Bedürfnisse des Einzelnen nicht aus dem Auge zu verlieren und auch die Gruppe als Ganze zu führen.

Die Führung der Gruppe wird besonders interessant bei gruppendynamischen Prozessen wie zum Beispiel dem Jagdverhalten. Ich erkläre es Ihnen anhand meiner Hunde: Der Jagdinstinkt von Elsa, Rosina und Jule ist schwach ausgeprägt, selbst beim Anblick von davonrennendem Wild lassen sie sich abrufen, bei Elsa braucht das etwas Nachdruck, die anderen beiden kehren sofort um, sobald sie dazu aufgefordert werden. Shorty war ein großer Jäger, mit seinen inzwischen 19 Jahren ist er zwar noch flott unterwegs und geht gern bis zu einer dreiviertel Stunde spazieren, aber eine wilde Jagd durchs Unterholz ist ihm inzwischen zu anstrengend. Seine immer noch feinen Sinne sind aber ein toller Indikator für die anderen. Wird Shorty aufmerksam – selbst wenn er sich dann nicht aufraffen kann, loszulaufen –, werden die anderen in der Gruppe unruhig bis aktiv, also heißt dies für mich, sofort einzugreifen und alle wieder zur Ruhe zu bringen. Gandhi jagt wie der Teufel, im Wald kann ich ihn nicht frei laufen lassen – es sei denn, wir sind allein. Dann bleibt er bei mir und lässt sich selbst beim Wahrnehmen einer Spur gut abrufen. Ist einer der anderen Hunde in der Nähe, kann ich das vergessen! Winnetou jagt allein überhaupt nicht und auch nicht im Zusammensein mit den anderen – außer mit

Gandhi oder Elsa. Wenn Gandhi durchgeht, geht Winnetou mit, weshalb die beiden niemals gemeinsam frei laufen. Einer von beiden ist immer an der Leine, der Fairness halber wird alle viertel Stunde gewechselt. Elsa, die normalerweise nicht jagdlich motiviert ist, liebt es, mit Winnetou an einer ganz bestimmten Stelle unserer Runde, und auch nur morgens, abzuzischen. Deshalb gehe ich entweder morgens eine andere Runde oder ich halte einen von beiden an der Leine. Yukon läuft mal für 20 Sekunden ins Unterholz, ist aber gleich wieder da und bricht auf Abruf auch diese Miniausflüge sofort ab. Es sei denn, er ist mit seinem Ziehvater Gandhi unterwegs – dann schaltet er auf Durchzug und ist, gemeinsam mit ihm, weg. Er kommt allerdings lange vor ihm wieder. Gott sei Dank passiert es mir nur noch sehr selten (und zuletzt vor zwei Jahren), dass sie überhaupt eine Gelegenheit bekamen abzusausen, weil ich zu unaufmerksam war und den berühmten kritischen Augenblick verpasst hatte.

Ebenso ist es wichtig, Erziehung nicht nur auf die Ausführung von Kommandos zu beschränken. Zu einer guten Erziehung gehört für mich auch die Achtsamkeit des Halters in Bezug auf die Frage, wann welche Kommandos gegeben werden und wann lieber nicht. Und sie beinhaltet auch zu lernen, rücksichtsvoll, respektvoll und friedlich miteinander umzugehen. Dies gilt für die Hunde ebenso wie für den Halter. Keinesfalls sollten die Hunde zum Beispiel lernen, dass immer der die meiste Zuwendung erhält, der sich in den Vordergrund spielt, während der Schüchternere vergessen wird. Eine gewisse Gerechtigkeit muss schon sein, darauf müssen Sie als Halter achten. Allerdings bedeutet das nicht, alle Hunde gleich behandeln zu wollen oder zu sollen, denn das klappt nicht. Erstens, weil das zumindest ab einer gewissen Anzahl von

Hunden einfach unmöglich ist und zweitens, weil nicht für jeden Hund das Gleiche wichtig ist. Während bei meiner Collie-Hündin Rosina Streicheleinheiten ganz oben auf der Prioritätenliste stehen und sie am liebsten täglich stundenlang kuscheln und schmusen würde, empfand die vor kurzem verstorbene Herdenschutz-hündin Bonnie Streicheleinheiten als re-gelrecht aufdringlich, wenn sie länger als zwei bis drei Minuten andauerten. Würde man nun die Zuwendung gleich verteilen wollen, käme Rosina zu kurz, während Bonnie genervt wäre. Beiden Hunde würde man also nicht gerecht! Rech-nen Sie dieses Beispiel mal auf drei, vier, fünf, sechs oder noch mehr Hunde unterschiedlichen Typs und Charakters hoch. Es gilt also herauszufinden, was jedem einzelnen Hund besonders wichtig ist und ihm davon so viel zukom-men zu lassen, dass er sich wohl fühlt.

Finden Sie heraus, welche Interessen alle Ihre Hunde teilen und welche nur einzelne aus der Gruppe begeistern.

D enken Sie darüber nach, was Ihren Hunden wich-tig ist, machen Sie eventuell eine Liste. Finden Sie heraus, wo sich die Interessen Ihrer Hunde über-schneiden und man somit gemeinsame Aktivitäten ein-leiten kann, die allen Spaß machen, und in welchen Be-reichen es Unterschiede gibt, die berücksichtigt werden sollten, wann immer es geht. Hunde können sehr unter-schiedlich in ihren Erwartungen in Bezug auf Bewegung, Ruhe oder Aktion, Futter, Zuwendung usw. sein – es gilt, jedem individuell so gerecht wie möglich zu werden. An-dererseits sollte man sich nicht verrückt machen, wenn die Ausgleichsliste nicht jeden Tag ganz stimmig ist. Denn Hunde müssen – ebenso wie Menschen – lernen, auch mal mit Frustrationen umgehen zu können. So ist das Leben nun mal und das ist auch gar nicht so schlimm, solange die grundsätzliche Basis stimmt. Viel wichtiger ist es, dass Sie als Halter fair, freundlich und berechenbar sind, damit sich die Hunde (miteinander und auch einzeln) wohl füh-len und sich Ihnen vertrauensvoll anschließen. ☺

Von Führungspositionen und Rangordnungskonzepten

Dieses vertrauensvolle Anschließen jedes einzelnen Hundes und auch der gesamten Gruppe an Sie als Halter ist ein ganz wichtiger Punkt in der Mehrhundehaltung. Allerdings gibt es innerhalb der Hundeszene sehr unterschiedliche Ideen darüber, wie dieser Zusammenschluss erreicht werden kann. Während manche noch immer auf wissenschaftlich längst widerlegte Konzepte setzen, die den Hund in einer linearen Dominanzrangordnung als letztes Glied der Kette innerhalb der Familie sehen, setzen andere auf einen souveränen Führungsstil, der auf Vertrauen und Erfahrung beruht und nur im Ausnahmefall dazu greift, Druck auszuüben. Für Sie geht es letztendlich darum, Ihren persönlichen Führungsstil zu finden und der hat ganz wesentlich damit zu tun, wie Sie sich als Person definieren und welche Sicht der Dinge Sie auf die Mensch-Hund-Beziehung haben.

Wenn Sie sich darüber Gedanken machen, lassen Sie sich keinesfalls von sogenannten „Experten" verunsichern, die Ihnen in schillernden Farben ausmalen, welches Chaos bald bei Ihnen herrschen wird, wenn Sie Ihrem Hund nicht unmissverständlich klar machen, dass Sie der „Alpha" sind. Forschungen an frei lebenden Wölfen und anderen rudelbildenden Kaniden haben längst bewiesen, dass ein Rudel nicht über eine Rangordnung funktioniert, in der von oben nach unten „durchgetreten" wird, sondern dass es einer Familie gleicht, in der die Elterntiere aufgrund ihrer Fürsorge, Souveränität und Erfahrung die Gruppe leiten, während Aufgaben untereinander aufgeteilt werden. Es gibt wirklich gute Bücher zu diesem Thema, in denen Sie mehr darüber erfahren, warum die früher vertretene Meinung, ein Hund müsse ständig von seinem Menschen unterdrückt werden, damit dieser innerhalb einer vermeintlichen Rangordnung über ihm stehen kann, ein gefährlicher Irrglaube ist, der zu erheblichen Problemen zwischen Mensch und Hund führen kann. Am Ende dieses Buches wird auf diese Fachliteratur hingewiesen.

Gut ausgebildete Trainer erklären Ihnen gern, warum veraltete Rangordnungskonzepte nicht geeignet sind, eine vertrauensvolle Beziehung zwischen Mensch und Hund aufzubauen.

Allerdings ist es auch nicht so, dass Sie mit Ihren Hunden einen „demokratischen Haufen" bilden können, der harmonisch und gerecht für jeden Einzelnen darüber abstimmt, was jetzt gerade gemacht wird. Sie müssen Entscheidungen treffen, die den Interessen Ihrer Hunde widersprechen und die Sie trotzdem durchsetzen müssen – zum Beispiel, wenn Sie auf Rehe treffen und die Hunde denen am liebsten hinterher hetzen würden, Sie aber entscheiden, dass jetzt alle da bleiben und mit Ihnen in eine andere Richtung gehen.

Bei der Erziehung/ im Training sollten aber immer Gewaltfreiheit, Fairness und Fürsorge oberste Priorität haben, ebenso wie Berechenbarkeit und Souveränität. Außerdem bin ich fest davon überzeugt, dass Tiere ganz genau spüren, ob man es grundsätzlich gut mit ihnen meint oder nicht. Anders wäre nicht zu erklären, warum sie zum Beispiel während einer unangenehmen Behandlung beim Tierarzt auf gutes Zureden ihres Menschen hin still halten, obwohl sie sich auch vehement wehren könnten oder weshalb sie uns unsere Fehler und manchmal falschen Entscheidungen in bestimmten Situationen immer wieder so großzügig verzeihen.

Gegenseitiges Vertrauen und ein respektvoller Umgang sind ebenso wichtig wie Fairness und Führungsqualitäten.

Nützliche Kommandos

Hier möchte ich Ihnen die Kommandos vorstellen, die ich in der Mehrhundehaltung für wirklich wichtig halte, weil sie den Alltag erleichtern und einfach praktisch sind.

„schaut mal her" steht für den einfachen Abruf ohne Vorsitzen. Die Hunde sollen sich kurz bei mir melden, dürfen aber entweder gleich wieder gehen oder kriegen eine weitere Information wie zum Beispiel „bleib" oder „warte" (siehe weiter unten).

„schaut mal her"

„zu mir" steht für das Herankommen mit Vorsitzen. Es ist mir dabei egal, ob der Hund exakt gerade vor mir sitzt oder leicht seitlich oder wie auch immer. Wichtig ist: Alle sitzen in meiner Nähe und stehen nicht auf, bevor ich sie aus dem Kommando entlasse. Ich gebe dieses Kommando nicht bei schlechtem Wetter oder auf für Hunde unangenehmem Untergrund, der ihnen das Absitzen schwer macht.

„bleib" bedeutet, dass die Hunde genau an dem Ort bleiben müssen, den ich ihnen zugewiesen habe. Sie können dabei aber selbständig entscheiden, ob sie liegen, sitzen oder stehen wollen. Der Ort wird aber nur auf das Freigabekommando von mir verlassen, auch wenn ich mich (evtl. auch außer Sicht) entferne.

„warte" bedeutet, hier stehen zu bleiben. Der Unterschied zum „bleib" besteht darin, dass ich bei den Hunden bleibe, mich also nicht entferne. „Warte" benutze ich zum Beispiel vor dem Überqueren der Straße, oder wenn ich mit ihnen auf die Seite eines Weges gehe und jemanden vorbei lassen will, den die Hunde nicht stören sollen.

„warte"

„jetzt du" ist eine Ergänzung zum „warte", die sich als sehr praktisch erwiesen hat, wenn es darum geht, nur einzelne Hunde ins Haus oder aus dem Auto zu lassen. Alle warten, der namentlich benannte, der zusätzlich mit „jetzt du" angesprochen wird, setzt sich in Bewegung.

„bei Fuß" bedeutet, dass die Hunde dicht bei mir laufen sollen und sich dabei nach meinem Tempo, meiner Richtung oder auch meinem Stehenbleiben richten. Ich verlange dabei nicht, dass sie an mir „kleben" wie mit einem Klettverschluss befestigt und sie müssen auch nicht, wie

bei der klassischen Unterordnung meist üblich, ständig zu mir nach oben schauen, was ihnen die Halswirbelsäule verdreht und es ihnen beinahe unmöglich macht, den Weg vor ihnen im Auge zu behalten. Ich verlange das Kommando nicht auf lange Strecken, sondern maximal bis zu 50 Meter, zum Beispiel, wenn ich an jemandem vorbeigehe, der mit Kinderwagen oder einer behinderten Person unterwegs ist. Ich lege Wert darauf, „bei Fuß" sanft und freundlich auszusprechen, damit sich die Hunde auch wirklich gern in meiner unmittelbaren Nähe aufhalten.

Beim **An- und Ableinen** verlange ich nicht, dass die Hunde sitzen, denn das würde mich in den bereits angesprochenen Konflikt bringen, diese Regel auch dann verlangen zu müssen, wenn es in Strömen regnet, saukalt ist oder der Boden ein Absitzen unangenehm macht. Beim Anleinen sollen die Hunde einfach nur auf dem schnellsten Weg herkommen und sich anleinen lassen, beim Ableinen gebe ich ihnen ein „warte", das so lange gilt, bis es als Kommando wieder aufgelöst wird, weil ich nicht will, dass sie wie die Torpedos losschießen, sobald der Karabiner ausgehängt wurde.

An- und Ableinen

Eine halbwegs brauchbare **Leinenführigkeit** finde ich ebenfalls wichtig. Auch hier muss man die Sache nicht übertreiben; ich finde es nicht schlimm, wenn die Hunde den Radius der Leine auch wirklich nutzen, solange sie nicht stark ziehen. Ich habe auch nichts dagegen, wenn sie links und rechts am Wegesrand schnüffeln, mal stehen bleiben usw. Ich finde es im Gegenteil geradezu unsinnig, von ihnen zu verlangen, dass sie an der Leine immer nur auf einer Seite und genau meinem Tempo angepasst laufen sollen. Was haben sie dann von dem Spaziergang? Im Grunde zieht ein Halter mit solchen Regeln nur seinen egoistischen Wunsch nach einem möglichst ungestörten Spaziergang für sich selbst durch – und sollte in diesem Fall mal darüber nachdenken, ob er nicht lieber ohne Hund gehen sollte. Dann braucht er auf niemanden Rücksicht nehmen und kann sein Ding durchziehen. Hundehaltung bedeutet für mich, auch Rücksicht auf die Bedürfnisse des mir anvertrauten Tieres zu nehmen und ihm artspezifische Verhaltensweisen zu erlauben, die wichtig sind für sein Wohlbefinden. Dazu gehören schnüffeln, stehen bleiben, mal links und mal rechts schauen, auch mal buddeln oder sich wälzen. Und gerade Hunde, die aus welchen Gründen auch immer viel an der Leine laufen müssen, können das eben nur an ebensolcher tun.

Der Halter steht in der Verantwortung für seine Hunde – und dazu gehört auch, sich Gedanken über deren Interessen und Bedürfnisse zu machen.

Ein ganz wichtiges Kommando, insbesondere bei der Mehrhundehaltung, ist das **„kehrt um"**, das als sogenanntes „Superkommando" oder auch „Jackpotkommando" aufgebaut wird. „Kehrt um" wird eingesetzt, wenn die Hunde sich entweder in zu großer Entfernung von mir aufhalten und wieder näher in meinen Einwirkungsbereich kommen sollen und/ oder wenn sie einem hohen Reiz (vorbeifliegender Vogel, aufgesprungenes Reh) hinterherrennen. Das Kommando wird mit hohem Mitmacheffekt aufgebaut, was bedeutet, dass ich selbst mich ebenfalls umdrehe und mit hohem Tempo und fröhlichem Rufen in die andere Richtung laufe. Zusätzlich gibt es einen Jackpot, wenn die Hunde mir nachlaufen und mich eingeholt haben. Wichtig beim Jackpot sind folgende Merkmale: Die angebotenen Leckerchen müssen – aus Sicht der Hunde! – wirklich super gut sein und es gibt mehrere davon, die langsam nacheinander gegeben werden. Würden alle auf einmal gegeben, würden die Hunde nach einem herzhaften „Schleck" alle auf einmal schlucken und die Belohnung wäre rum. Geben Sie die Leckerchen aber nacheinander, begleitet von einer tollen Belobigung über ihr gutes Verhalten, dauert die Belohnung länger und ist somit erstrebenswerter. ☺

Die für mich wichtigste Übung ist das **„kommunikative Spazierengehen"**, das nicht aus einem Kommando, sondern aus dem Aufbau eines „Wir-Gefühls" besteht. Es geht dabei darum, Gemeinsamkeiten zu schaffen, die allen Beteiligten Spaß machen und über Blickkontakte, Berührungen und Spielaufforderungen den Zusammenhalt der Gruppe – inklusive des Halters – zu stärken. Dazu kann gehören, gemeinsam im Wasser zu plantschen, versteckte Leckerchen zu finden, sich einfach auf eine Wiese zu setzen und zu kuscheln oder andere Dinge zu tun, die Ihnen und Ihren Hunden gemeinsam Freude machen. Die eingeleiteten Aktionen müssen auch nicht immer nur von Ihnen ausgehen, auch die Hunde können ein Rennspiel einleiten, in das Sie sich einklinken, oder einen Blickkontakt aufbauen, den Sie erwidern. Und achten Sie einmal darauf, wann Ihre Hunde Sie freundschaftlich anstupsen oder Ihnen stolz einen Stock präsentieren, den sie gerade gefunden haben. Gehen Sie mit Lob und Anerkennung darauf ein, und Sie werden dadurch nicht nur Freude bei Ihren Hunden auslösen, sondern auch selbst empfinden – und das schweißt zusammen. ☺

„Kommunikatives Spazierengehen"

Das absolute Gegenteil vom „kommunikativen Spazieren-gehen" zeigen Halter, die zwar mit ihrem Hund/ ihren Hunden durch die Landschaft laufen, dabei aber tele-fonieren, im Geiste die Einkaufsliste oder den nächsten Kundentermin durchgehen oder sonst irgendetwas tun und die Hunde eigentlich nur ansprechen, wenn ihnen etwas verboten oder ein Kommando gegeben wird. So entsteht keine Freundschaft, kein Vertrauen und keine Bindung.

S elbstverständlich gibt es noch weitere Kommandos, deren Sinnhaftigkeit sich aber nach Lebensumfeld und Situation von Hund(en) und Halter richtet. In manchen Fällen kann es zum Beispiel sinnvoll sein, den Hunden beizubringen, nichts Fressbares vom Boden aufzuneh-men. In Gegenden, in denen Giftköder ausgelegt werden, kann das ihr Leben ret-ten. Das Kommando „Platz" finde ich hin-

Welche Regeln im täglichen Zusammenleben von Hund und Mensch sinnvoll sind, richtet sich auch nach dem Lebensumfeld.

gegen vollkommen überflüssig und selbst nach langem Nachdenken ist mir noch keine Situation eingefallen, in der ich es wirklich dringend bräuchte und die nicht an-ders zu regeln wäre. Normalerweise bespreche ich mit meinen Kunden ausführlich, was ihre Hunde lernen sol-len und was eher nicht.

Ich bin kein Freund von übermäßiger Strenge oder stän-digen Reglementierungen, aber die Kommandos, die ge-geben werden, müssen sitzen. Daran müssen Sie arbei-ten, ohne die Hunde durch endlose Wiederholungen der immer gleichen Übungen zu langweilen. Lassen Sie sich abwechslungsreiche Übungsabläufe und Belohnungen einfallen, variieren Sie mit Motivationstechniken – und lassen Sie auch mal „fünfe gerade sein", wenn die Hunde einen schlechten Tag haben. Brechen Sie ab und machen Sie morgen weiter.

Wenn Sie einen Hund haben, der auf Rückruf nicht kommt, sondern lieber fröhlich auf einen gesichteten Artgenossen zurennt, ist das ärgerlich, aber in den meisten Fällen nicht wirklich tragisch... Wenn eine ganze Gruppe das macht, sieht die Sache anders aus! Wenn ein Hund an der Leine zieht, ist das nervig und – je nach Gewichtsklasse – auch anstrengend. Wenn drei, vier oder fünf Hunde anziehen und es sich dabei nicht gerade um Yorckshire Terrier oder Chihuahuas handelt, werden Sie umgerissen und es kann zu Verletzungen kommen! Deshalb ist eine gute Ausbildung so wichtig. Gleichzeitig stellt sich aber die Frage:

Mit wie vielen Hunden kann man gleichzeitig spazieren gehen? Wie viele hat man verantwortungsvoll unter Kontrolle?

Die Antwort ist vielschichtig, denn sie hängt von Ihrer mentalen wie körperlichen Kraft, dem Ausbildungsstand der Hunde, deren Größe und Kraft, der Gegend, in der Sie laufen wollen und einigen weiteren Faktoren ab. In jedem Fall sollten Sie Ihre eigenen Möglichkeiten realistisch einschätzen und immer nur mit so vielen Hunden gleichzeitig gehen, wie Sie sicher führen können. Wenn Sie mehr als drei oder vier Hunde halten, und manchmal sogar schon dann, kann das bedeuten, dass Sie die Hunde in zwei Gruppen aufteilen und zwei Mal gehen müssen. Oder jemand aus der Familie begleitet Sie, so dass Sie die Hunde zu zweit beaufsichtigen und in eventuell schwierigen Situationen gemeinsam eingreifen können. Hierbei ist aber wichtig, dass Sie sich im Führungs- und Erziehungsstil einig sind, denn nichts ist unangebrachter und bringt eine Situation schneller zum Eskalieren als zwei Halter, die sich streiten, weil sie sich über das Wann und Wie des Reagierens nicht einig sind, während die Hunde sich selbst überlassen sind. Dies gilt auch für Begegnungen mit anderen Passanten, seien diese mit oder ohne Hund unterwegs.

Schätzen Sie Ihre Möglichkeiten realistisch ein und entscheiden Sie dann, mit wie vielen Hunden Sie in welcher Konstellation laufen.

Begegnungen

Je nachdem, wie viele Hunde Sie haben, sollten Sie unbedingt bedenken, wie sich eine Annäherung für Ihr Gegenüber anfühlt. Auch wenn Ihre Hunde wirklich nett und freundlich sind, kann dies für einen Menschen, der nicht sehr hunde-erfahren ist oder der sogar Angst vor Hunden hat, bedrohlich bis beängstigend wirken. Ich laufe deshalb immer einen kleinen Bogen und/ oder lasse alle Hunde in drei bis vier Metern Abstand vom Weg ruhig bei mir stehen, wenn ich die entgegenkommende Person nicht kenne oder sogar weiß, dass sie Probleme mit Hunden hat. Ich finde es nicht sinnvoll, ein generelles Absitzen oder Abliegen in solchen Situationen zu verlangen, da diese Kommandos – zu Recht – bei schlechtem Wetter wie Regen oder Schnee oder bei für Hunde ungutem Untergrund wie Matsch oder spitzen Steinchen auf einem Kiesweg nicht gern von ihnen ausgeführt werden. Es reicht völlig aus, wenn meine Hunde ruhig bei mir stehen. Setzen oder legen sie sich von allein, ist das auch in Ordnung; Hauptsache, sie bleiben in meiner unmittelbaren Nähe. Erst auf ein eindeutiges Signal von mir hin dürfen sie wieder frei agieren.

Gerade als Mehrhundehalter ist Rücksichtnahme gegenüber anderen Passanten gefragt.

Bei der Begegnung mit einem anderen Hund kann es sinnvoll sein, die eigenen nach und nach zu ihm hinzulassen.

Kommt Ihnen ein anderer Hundehalter mit einem oder ebenfalls mehreren Hunden entgegen, sollten Sie zunächst versuchen, ihn und seine Hunde bewusst wahrzunehmen und einzuschätzen. Hat er zum Beispiel angeleint, sollten Sie Ihre Hunde nicht einfach mit einem fröhlichen „Meine tun nix!" auf ihn zulaufen lassen. Gleiches gilt, wenn sich die anderen Hunde eher ängstlich verhalten, insbesondere, wenn es nur einer ist. Egal wie freundlich und gut sozialisiert Ihre Hunde sind, wenn sie zu dritt, viert, fünft... auf einen anderen zulaufen, kann das für diesen sehr bedrohlich wirken. Schnappt er deshalb um sich oder ergreift die Flucht, kann die Situation unter den Hunden kippen; zumindest ließe sich aber die Angst des Einzelnen vermeiden.

Deshalb lasse ich meine Hunde niemals alle auf einmal zu einem anderen Hund laufen, selbst dann nicht, wenn dieser meine schon kennt. Eine interessante Frage, die mir oft gestellt wird, ist die, in welcher Reihenfolge und warum ich wann wen hingehen lasse? Die Antwort lautet: In der Regel gehen zuerst die souveränen, meinungsbildenden Hunde meiner Gruppe vor, deren freundlichem Verhalten sich die anderen dann anschließen Gandhi (ein Do Khyi-Hovawart-Mischling) und Rosina (eine Collie-Hündin) zum Beispiel dienen den anderen oft als Vorbild. Wenn sie mit einem fremden Hund entspannt umgehen, ist dies ein sicheres Zeichen für die anderen, dass sie sich gefahrlos nähern können. Winnetou (ein Hovawart aus einer Arbeitslinie) hingegen brettert immer viel zu schnell und stürmisch auf andere Hunde zu und wür-

Die richtige Einschätzung der eigenen Hunde ist wesentlich bei der Begegnung der gesamten Gruppe mit einem fremden Hund.

de sie am liebsten umnieten nach dem Prinzip: „Ich renne Dich jetzt über den Haufen, und wenn Du Dir das gefallen lässt, können wir Freunde werden." Deshalb darf er grundsätzlich immer erst als Letzter mit in die Situation, wenn sich die erste Aufregung zwischen den anderen schon gelegt hat. Ich führe ihn an relativ kurzer Leine bis ganz kurz vor die anderen und rede dabei beruhigend (nicht ermahnend!) auf ihn ein, bis seine Anspannung nachlässt. Dann erst lasse ich die Leine lang und er kann frei agieren.

Führt der andere Halter seinen Hund sehr kurz, gibt er ihm scharfe Kommandos und ruckt eventuell auch noch an der Leine, suche ich mit meiner Gruppe schleunigst das Weite, denn eine Begegnung muss ich weder mir noch meinen Hunden und schon gar nicht dem armen Kerl, der da gerade malträtiert wird, antun.

Gleiches gilt für Spielzeugjunkies, die von ihren Menschen regelrecht verblödet wurden mit der Fixierung auf irgendein Spielzeug, das sie oft auch bereit sind zu verteidigen, weil es eine so immens wichtige Bedeutung in ihrem Leben bekommen hat, da beinahe alle sozialen Aktionen zwischen Mensch und Hund über dieses Beutespiel laufen. In unserem Dorf gibt es eine Pudel-Hündin namens Peggy Sue, die leider ein solches Gehirnwäscheprogramm durch ihre Halterin erfahren hat. Als Peggy Sue ein Welpe war, verhielt sie sich ganz normal, zeigte Erkundungsverhalten und freundliches Interesse an Artgenossen. Dann fing Frauchen irgendwann an, mit dem „Balli" zu werfen, was ja nicht schlimm wäre, wenn sie das nicht so extrem ausgeprägt tun würde. Ich habe Tage erlebt, an denen Peggy Sue der Ball geworfen wurde, als ich mit meinen Hunden losging und wenn ich nach einer dreiviertel Stunde zurückkam, stand die Halterin noch immer an der gleichen Stelle, den Ball immer noch werfend. Peggy Sue ist inzwischen zu einem hysterisch kläffenden, auf den Hinterbeinen tanzenden Derwisch geworden, der sich nur noch dafür interessiert, wann das Objekt der Begierde wieder geworfen wird. Stellen Sie sich vor, in eine derart aufgeheizte Stimmung würde ich mit meinen Hunden hineinlaufen, von denen sicher zwei oder drei auch mal dem Ball hinterherrennen würden. Die Chance auf Ärger wäre sehr groß – und da ich den uns allen ersparen möchte, weiche ich lieber weiträumig aus. Das ist übrigens auch sehr einfach, denn das hysterische Kläffen, das durch unsere Freilaufzone schallt, wird von Frauchens begeisterten Rufen „Peggy Suuuuuuue" unterstrichen. Kein Problem auszuweichen, meilenweit zu hören. Es gibt viele Wege, gehen wir einfach einen anderen. ☺

Manchmal ist es sinnvoll, einer Begegnung oder möglichen Konfrontation einfach auszuweichen.

Gedanken zum Schluss

Mehrere Hunde zu halten ist für mich ein täglich gelebter Traum. Es erfüllt mich mit tiefer Freude und Zufriedenheit, sieben Hunden und drei Katzen ein Zuhause zu schenken, in dem sie sich wohl fühlen und liebevoll umsorgt werden. Sie zu beobachten, sei es beim Spiel, beim Kuscheln oder einfach nur auf einem Spaziergang, ist immer wieder faszinierend und bringt mich auch nach mehr als 40 Jahren noch zum Staunen. Plötzlich erkennt man Seiten, die man bisher noch nicht wahrgenommen hatte und bemerkt, wie sich ein Hund im Laufe seines Lebens verändert. War der kleine Yukon nicht eben noch der Jungspund der Gruppe, der in der Pubertät mit jeder Menge Konfetti im Kopf hitzig in jede Situation hineingesprungen ist und manchmal froh war, wenn Gandhi oder Winnetou ihn retteten? Heute ist er souverän splittend dazwischen gelaufen, als ein allzu aufgeregter Labrador unser altes Julchen bedrängte. Der meinte es nicht böse, er war einfach nur zu forsch, Jule wurde das zu viel und Yukon ging selbstbewusst und ruhig dazwischen, so, wie er es von den Älteren gelernt hatte.

Julchen hat ihre Aufgabe als „Krankenschwester" schon vor einem Jahr weitgehend an ihn abgegeben. Wenn in unserem Haushalt irgendjemand, ganz gleich ob Mensch, Hund oder Katze, krank war oder eine Verletzung hatte, war immer Jule zur Stelle, um besorgt die Wunden zu lecken, fürsorglich um den Patienten herum zu sein oder auch nur still an seiner Seite zu liegen, wenn es ihm wirklich schlecht ging. Viele Jahre nahm sie diese Aufgabe wahr und bekam deshalb auch ihren liebevoll gemeinten Spitznamen „die Krankenschwester" von uns. Oftmals bemerkten wir kleine Verletzungen sogar erst dann an einem anderen Tier, wenn Jule aufgeregt um es herumlief und versuchte, die Wunde zu reinigen. Dann beobachteten wir, wie Yukon die gleichen Verhaltensweisen zeigte und witzelten darüber, dass er jetzt wohl von Jule angelernt wird als Krankenpfleger – bis es schließlich wirklich so weit war, dass sie diese Aufgabe an ihn übergab.

Es erfüllt mich mit Freude und großem Glück, mit meinen Tieren zusammenzuleben.

Ich könnte ein ganzes Buch über solche Begebenheiten schreiben und auch darüber, wie wir Menschen von unseren Tieren in ihre Gemeinschaft aufgenommen werden. Es ist so (be)rührend, dass es kaum in Worte zu fassen ist. Sie beziehen uns in ihr Leben mit ein, so wie wir sie in das unsere. Sie teilen wirklich Freud und Leid mit uns; auch wenn das kitschig klingt, entspricht es einfach der Wahrheit. Ein toller, soeben gefundener Stock wird uns stolz präsentiert, bei einem großen Schrecken kommen sie aufgeregt zu uns gelaufen, um sich Zuspruch oder Verstärkung zu holen. Es ist wirklich ein Familienleben, bei dem jeder nach seinen Möglichkeiten für den anderen einsteht und sich um ihn kümmert. Besondere Momente waren auch, wenn ein Mensch oder Tier unserer Gemeinschaft starb und wir alle gemeinsam von ihm Abschied nahmen, unsere Trauer teilten und auch für diese gemeinsame Erfahrung dankbar waren. Geteiltes Leid ist halbes Leid. Ein Geschenk, dies erleben zu dürfen!

Trotzdem gibt es auch Tage, an denen ich mich wie in dem Gedicht frage: Warum mache ich das bloß? Nach einer Woche Regenwetter, in der täglich dreimal sieben Hunde mit 28 Pfoten sauber gerubbelt werden müssen, bevor man ins Haus geht, das trotzdem dreckig wird, weil man gar nicht so gut abtrocknen kann, dass nicht doch etwas hängen bleibt; wenn der alte Shorty zum fünften Mal ins Haus pieselt, weil er heute irgendwie nervös ist und deshalb in seinem hohen Alter einfach vergisst, nach draußen zu gehen, und wenn Winnetou das Wort „Leinenführigkeit" anscheinend komplett vergessen hat, weil irgendwo ein Eichhörnchen auf einen Baum geflitzt ist und 43 kg mit Anlauf in die Leine brettern, die ich versuche zu halten, während Gandhi mit 47 kg auf der anderen Leine zieht – an solchen Tagen wird's mir manchmal zu viel. Und an solchen Tagen frage ich mich auch, wie lange ich noch die körperliche und geistige Fitness habe, um allen gerecht zu

werden und alle souverän zu führen. Dann denke ich daran, dass ich im Alter wahrscheinlich nur noch drei bis vier Hunde haben werde und muss über mich selber lachen, weil ich das Wörtchen „nur" benutzt habe.

Bei allen schönen Erlebnissen mit all den wunderbaren Hunden, die mich, und später uns, durchs Leben begleitet haben, musste ich aber auch meine persönliche Belastungsgrenze kennenlernen. Gespräche mit Freunden, die interessanterweise zum gleichen Zeitpunkt ihres Lebens die gleiche Anzahl an Hunden hielten wie wir, bestätigten diese Erfahrung. Wie viele Hunde kann man bei täglich drei Gassigängen, optimaler medizinischer Betreuung, halbwegs artgerechter Fütterung, liebevoller Zuwendung und guter Ausbildung halten? Bei mir war sie bei acht Hunden – und fünf Katzen – erreicht. Mehr ging einfach nicht, ohne selbst auf der Strecke zu bleiben. Wenn man acht Hunde (und die Katzen) unterschiedlicher Altersstufen, Charaktere, Rassen und persönlicher Geschichte, die jeder einzelne mitbringt, wirklich gut betreuen will, bleibt für anderes nicht mehr viel Zeit. Und machbar ist das ohnehin nur mit einem Partner, der voll mitzieht und sich dieser Aufgabe möglichst mit gleicher Begeisterung widmet. Trotzdem ist und bleibt die Mehrhundehaltung, die ja nicht immer gleich so viele Hunde umfassen muss wie in unserem Haushalt, für mich die ideale Haltungsform. So wie viele, die mehrere Hunde haben, würde auch ich den Satz: „Nie wieder ein Hund allein!" unterschreiben.

Ich hoffe, dass ich Ihnen in diesem Buch möglichst viele Anregungen und Antworten auf Ihre Fragen geben konnte. Wenn Sie nach der Lektüre lieber Abstand von der Anschaffung eines weiteren Hundes nehmen, weil Ihnen klar geworden ist, dass Sie diese Aufgabe nicht meistern würden, hat es seinen Sinn erfüllt – und wenn ich Ihre Begeisterung für die Anschaffung eines weiteren Hundes wecken konnte, freut es mich umso mehr. ☺

Serviceteil

Dieser Serviceteil gibt Ihnen noch einmal einen komprimierten Überblick über all die Punkte, die Sie in den verschiedenen Phasen der Planung und Übernahme eines weiteren Hundes beachten sollten.

Setzen Sie sich mit der ganzen Familie zusammen und überlegen Sie, was Sie ankreuzen bzw. eintragen möchten und überprüfen Sie so, ob Sie wirklich an alles gedacht haben, denn dann sind Sie optimal auf den Einzug eines weiteren vierbeinigen Hausgenossen vorbereitet. Bleiben Sie dabei realistisch und bewahren Sie sich Ihre Aufzeichnungen auf, um sie später auf Richtigkeit zu überprüfen. Und bleiben Sie selbst bei optimaler Vorbereitung trotzdem offen für Überraschungen, denn manchmal schreibt das Leben seine eigenen Geschichten...

Denn wenn Sie sich nach allen Vernunftgründen für einen bestimmten Hund entschieden haben, taucht vielleicht ein völlig anderer auf, der Ihr Herz berührt – oder das Ihres Hundes. ☺ Dann zögern Sie nicht, alle Argumente über den Haufen zu werfen und mit einer neuen Planung zu beginnen. Einer, die an diese Situation angepasst ist.

Was vor der Anschaffung bedacht werden sollte:

Sind alle Familienmitglieder einverstanden mit der Anschaffung eines weiteren Hundes?
- Alle Menschen?
- Alle bereits vorhandenen Hunde?
- Alle anderen bereits vorhandenen Haustiere?

Wer übernimmt welche Aufgaben?

Fütterung:

Spaziergänge:

morgens   mittags   abends   Nachtrunde

Fellpflege: **Tierarztbesuche:**   **Training/ Erziehung:**

Wer hilft im Falle von Urlaub oder Krankheit?

Ist genug Zeit vorhanden für einen weiteren Hund?

Ist genug Platz vorhanden für einen weiteren Hund?
- Im Haus/ in der Wohnung?
- Im Garten?
- Im Auto?

Stehen ausreichend viele Finanzreserven zur Verfügung?
- Für die Grundversorgung?
- Für die med. Vorsorge (Impfung/ Entwurmung)?
- Für die med. Versorgung (im Krankheitsfall)?

Ist der Vermieter mit der Anschaffung eines weiteren Hundes einverstanden und liegt die Einverständniserklärung schriftlich vor?

Werden die Nachbarn einen weiteren Hund akzeptieren?

Ist klar, dass der Putzaufwand größer sein wird?

Können wir mit der Reaktion der Öffentlichkeit umgehen, wenn wir mit einem weiteren Hund unterwegs sind?

Welcher Hund soll es sein? Woher soll er kommen?

Wollen wir einen Hund...

aus dem Tierheim?   aus privater Hand?   vom Züchter?

Gewünschte Charaktereigenschaften:

Gewünschte Rasse oder Mischling?

Größe   Gewicht   Alter

Geschlecht   Temperament

Beim Kennenlernen der Hunde beachten:

- Auf neutralem Terrain kennenlernen lassen.
- Ausreichend Zeit geben.
- Alles wegräumen, was Konflikte auslösen könnte:
  Futter, Kauartikel, Spielzeug etc.
- Engstellen vermeiden.
- Zuwendung bedacht und gerecht verteilen.

Beim Einzug des neuen Hundes bedenken:

- Mehrere Wassernäpfe aufstellen.
- Zwei neue Liegeplätze einrichten, möglichst
  mit Eigengeruch des neuen Hundes.
- Engstellen im Bereich der Türen,
  im Auto usw. vermeiden.
- Alles wegräumen, was Konflikte auslösen könnte:
  Futter, Kauartikel, Spielzeug etc.
- Zuwendung bedacht und gerecht verteilen.
- Getrennt füttern.

Calming Signals
Die Beschwichtigungssignale der Hunde

Turid Rugaas

Weiterführende Literatur

Die folgenden Fachbücher aus unserem Verlag möchte ich Ihnen gern ans Herz legen, wenn Sie Lust zum Weiterlesen bekommen haben und/ oder sich näher mit angesprochenen Themen beschäftigen möchten. Ich wünsche Ihnen viel Spaß beim Lesen!

Wie ihre Vorfahren, die Wölfe, leben Hunde in Familienverbänden, die über ein fein abgestuftes Kommunikationssystem zur gegenseitigen Verständigung verfügen. Ihr Sozialverhalten ist zu einem wesentlichen Teil durch Strategien zur Konfliktvermeidung innerhalb des Rudels bestimmt. Forschungen beschreiben bestimmte Merkmale ihrer Körpersprache als „cut off signals". Sie dienen dazu, Aggressionen zu stoppen oder gar nicht erst aufkommen zu lassen. Lange Zeit glaubte man, dass diese Signale im Verhaltensrepertoire von Hunden nicht zu finden seien.

Turid Rugaas, eine der weltweit angesehensten Hundetrainerinnen, bewies das Gegenteil. In diesem Buch erklärt sie, warum, wann und wie Beschwichtigungssignale von Hunden eingesetzt werden. Ebenso beschreibt sie, wie wir Menschen die Signale erkennen, deuten und sogar selbst einsetzen können. So wird es jedem möglich, zu einem besseren Verständnis seines eigenen, aber auch fremder Hunde zu gelangen.

Hardcover, 104 Seiten, mit zahlreichen Farbfotos und Fallbeispielen
ISBN: 978-3-936188-01-1

Auch als E-Book erhältlich!

Stress bei Hunden
Martina Scholz, Clarissa v. Reinhardt

mit einem Vorwort von Anders Hallgren

Stress bei Hunden – ein Thema, das immer mehr an Bedeutung gewinnt. Die Autorinnen zeigen in ihrem Buch, dass Stress nicht nur bei Menschen, sondern auch bei Hunden die Lern- und Konzentrationsfähigkeit erheblich beeinflusst und sogar zu Verhaltensauffälligkeiten und Krankheiten führen kann.

Anhand von Fallbeispielen zeigen uns Martina Scholz und Clarissa v. Reinhardt, wie wichtig der Aspekt Stress im täglichen Umgang mit dem Hund ist und was wir tun können, um Konfliktsituationen zu entspannen oder zu vermeiden.

Hardcover, 152 Seiten, mit zahlreichen Farbfotos und Fallbeispielen
ISBN: 978-3-936188-04-2

„Stress bei Hunden/ Stress in Dogs" wurde 2007 von der Dog Writers Association of America ausgezeichnet als „Buch des Jahres" in der Kategorie „Care and Health"

Kastration & Sterilisation beim Hund

Dr. Michael Lehner, Clarissa v. Reinhardt

Kaum ein Thema wird so kontrovers und emotionsgeladen diskutiert wie das der Kastration/ Sterilisation des Hundes.

Dr. Michael Lehner und Clarissa v. Reinhardt tragen sie in diesem Buch alle Informationen zum Thema zusammen, um dem interessierten und verantwortungsvollen Hundehalter einen umfassenden Einblick ins Thema zu geben, der die Basis für die Entscheidung pro oder contra Kastration/ Sterilisation bilden kann. Dabei erklären sie nicht nur Operationstechniken, Medikationen der sog. chemischen Kastration und der „Spritze danach" und Gründe für und wider die Kastration in Bezug auf Verhalten und Gesundheit, sondern scheuen sich auch nicht vor der Frage, ob dieser Eingriff in den Organismus eines uns anvertrauten Tieres ethisch zu rechtfertigen ist oder nicht – und kommen dabei zu interessanten Ergebnissen!

Hardcover, 136 Seiten, mit zahlreichen farbigen Abbildungen
ISBN: 978-3-936188-63-9